## Naturführer
# NORDSEE
Tiere – Pflanzen – Landschaften

# Naturführer
# NORDSEE

Tiere – Pflanzen – Landschaften

Reinhard Kölmel

© 2016 Wachholtz Verlag – Murmann Publishers, Kiel/Hamburg

Das Werk, einschließlich aller seiner Teile, ist urheberrechtlich geschützt. Jede Verwertung ist ohne Zustimmung des Verlages unzulässig. Das gilt insbesondere für Vervielfältigungen, Übersetzungen, Mikroverfilmungen und die Einspeicherung und Verarbeitung in elektronischen Systemen.

Gesamtherstellung: Wachholtz Verlag

Printed in Germany

ISBN 978-3-529-05462-4

Besuchen Sie uns im Internet:
www.wachholtz-verlag.de

# Inhalt

**Die Nordsee entdecken** 7
  Küste zum Mitnehmen 9

**See und Küste** 11
  Lebensräume 13
  Zusammenspiel der Naturfaktoren 27
  Der Mensch an der Nordsee 31

**Naturgewalten** 37
  Jahreszeiten am Meer 37
  Gezeiten: Wenn der Mond das Meer anzieht 41
  Sturmfluten und Küstenschutz 47

**Strand- und Wattbesuche** 53
  Wandern auf dem Meeresboden: Spaziergang oder Abenteuer? 54
  Das Watt lebt! 56
  Funde am Strand 61
  Strandsteine: Ein Fenster in die Erdgeschichte 66

**Die Großen: Beeindruckende Tiere** 77
  Robben und Wale 78
  Vögel 82
  Fische 99

**Die Kleinen: Tiere im Watt und am Strand** 105
  Nesseltiere und Schwämme 106
  Vielborstige Ringelwürmer 111
  Krebse 116
  Schnecken 123
  Muscheln 128
  Tintenfische 137
  Stachelhäuter und weitere Spezialisten 138
  Insekten 141
  Flechten 143

**Die Basis tierischen Lebens: Algen und Gefäßpflanzen** 145
  Meeresalgen 146
  Seegras 152
  Salzwiesen 153
  Blütenpflanzen auf Düne, Strand und Felseninsel 162

**Naturschutz an der Küste** 175

**Anhang** 178

# Die Nordsee entdecken

Was macht die Attraktivität dieser langen Nordseeküste aus? Sind es Wind, Weite und der Schlag der Wellen? Ist es die Formenvielfalt der Priele und Watten, der Dünen und Strände, der Plätze und Häfen? Sind es der Sand, der Anblick des blauen Meeres und dazu noch die vielen Sonnenstunden und -tage – deutlich mehr als im Binnenland? Ist es das geheimnisvolle Meer selbst, das scheinbar unergründlich tief ist? Die Nordsee und ihre Küsten sind vielfältig. Ebenso zahlreich und verschieden sind die Vorstellungen und Wünsche der Besucher und Wanderer an Strand, Düne und Watt.

Für das persönliche Erleben in der Umwelt spielen mehr Erfahrungen eine Rolle als Sand, Seesterne und Dünenrosen – kurz: als die Natur. Aber ohne diese besondere Natur gibt es das Erlebnis, dessentwegen die Küste aufgesucht wird, nicht. Diese Küstennatur in ihrer Vielfalt auf 192 Seiten einzufangen und zugänglich zu machen – soweit das möglich ist – ist das Ziel dieses Buches.

**Aussage und Anordnung der Kapitel lassen sich vom Nordsee-Erleben des Besuchers leiten. Größere Zusammenhänge, Landschaften und Fragen, auf die man immer wieder zurückkommen wird, sind vorangestellt (Kap. 1 und 2). Watt- und Strandspaziergang folgen. »Was ist auffällig? Was muss ich beachten? Was finde ich draußen?« (Kap. 3). Die auffälligen, auf den ersten Blick direkt erkennbaren Tiere wie Seehunde oder Vögel sind oft Ziel für Ausflug oder Wanderung (Kap. 4). Wer sich noch intensiver mit Meer und Watt befasst, fragt nach dem Leben im Boden und am Strand (Kap. 5). Zuletzt folgen die Algen und Blütenpflanzen – nichts geht in der Umwelt ohne sie (Kap. 6). Die Anordnung innerhalb der Bestimmungskapitel berücksichtigt die wissenschaftliche Systematik, die Angaben zu Größe und Alter der Tiere richten sich nach Mittelwerten und sind nicht absolut zu betrachten.**

Die Nordseeküste bietet zahllose Anknüpfungspunkte für den Kopf und den Tatendrang: Rausgehen und Nachschauen, was da los ist, ist für viele das beste und auch das preiswerteste Programm für Freizeit und Erholung.

An der Küste haben Sie die Wahl, Ihren gewöhnlichen Tagesrhythmus beizubehalten oder sich nach der Küstenzeit zu richten, wie es Hunderttausende Menschen und Milliarden Tiere am Meer tun. Ein Tipp: Erholsamer wird der Tag, wenn Sie gewohnte Bahnen verlassen. Kaufen Sie einen Gezeitenkalender und organisieren Sie Ihre Urlaubstage nach der Natur. Dadurch wird es interessanter, und Sie sehen einfach sehr viel mehr.

# Küste zum Mitnehmen

Eine schöne Muschelschale, der eindrucksvolle Strandstein, das unbekannte Gebilde – auf jeder Wanderung am Strand oder über Watt- und Dünenwege trifft man auf Unbekanntes und Bemerkenswertes. Viele Dinge mag man gar nicht anfassen, weil sie einem fremd sind. Trotzdem muss man seine Neugier nicht unterdrücken – moderne Technik macht es möglich. Mit dem Handy oder einem kleinen Fotoapparat lassen sich diese Augenblickserlebnisse, die den Urlaub oder Ausflug so wertvoll machen, leicht festhalten. Kosten entstehen dafür nicht.
Später lassen sich Erlebnisse zurückholen, aber auch offene Fragen klären. Dabei hilft dieses Buch mit seinen vielen Abbildungen. Wenn Sie weiter ins Detail gehen wollen, haben Sie Namen und Begriff aus dem Nordseeführer. Das Internet und auf Tiere, Pflanzen oder bestimmte Themen spezialisierte allgemeinverständliche Taschenbücher (vgl. S. 179) werden zur schier endlosen Quelle der Information.

Beim Fotografieren empfiehlt es sich, einige Grundregeln zu beachten:

- Die Sonne sollte immer im Rücken stehen.
- Gehen Sie dicht an das Objekt heran, um mehr vom Bildformat auszufüllen.
- Halten Sie bei lebenden Tieren (besonders Fluchttieren) Abstand, sonst fliehen sie und werden erheblich gestört.
- Wechseln Sie die Perspektive (z. B. nicht jedes Bild von schräg oben aufnehmen).
- Gestalten Sie das Bild (z. B. Objekt aus dem Mittelpunkt herausrücken).
- Sand am Strand ist über zehnmal heller als Wattboden – prüfen Sie, ob sich die Kamera darauf eingestellt hat.

Nach dem Fotoausflug ist es am einfachsten, die Bilder zeitlich geordnet zu lassen, so wie sie bei der Wanderung aufgenommen wurden. Dann erinnert man sich beim Betrachten der Schnappschüsse und Objekte zusätzlich an die Wanderung mit ihren weiteren Eindrücken.
Man kann die Fotos natürlich auch nach Aufnahmen aus dem Watt, vom Strand oder aus den Dünen, nach Tieren, Algen, Landpflanzen, Muscheln, Steinen oder einer wissenschaftlichen Systematik ordnen. Das ist aber sehr anspruchsvoll, weil jede Wanderung und Fotoserie dann eine aufwendige Nachbearbeitungszeit braucht und man Gefahr läuft, die Lust an dem ganzen Unternehmen zu verlieren.

# See und Küste

Klein und verloren fühlt sich, wer alleine an der weiten Nordseeküste steht und die Gischt der Wellen erträgt, die manchmal sein Gesicht streift. Im Herbst und Frühjahr sind es einzelne Strandwanderer, die Naturwerk und -gewalt erleben wollen, das Ringen der Wogen mit dem Strand und die beißende Schärfe des Windes in den Dünen. Es kann gut sein, dass dieser Wind weit aus dem Westen, vom offenen Atlantik her kommt und die Hunderte Kilometer Entfernung bis hierher zur Küste in gewaltigen Böen überbrückt hat. Nichts hält ihn auf, jetzt bläst er salzig und hart ins Gesicht.

**Meer, Sand und Wind sind wichtige Akteure an der Nordsee. Sie bringen vielgestaltiges Leben, nehmen es aber auch. Sie bewirken Form und Ausführung der Küstengestalt.** Die Grundlage, auf der sie agieren, sind die Sedimente, die Schlicke – und immer wieder Sand. Es sind die Ablagerungen und Geschiebe des Eiszeitalters und vergangener Jahrmillionen, die das Material und das landschaftliche Gerüst liefern, an dem sie sich abarbeiten. Bewuchs mit Pflanzen und Tieren stabilisiert die Oberflächen und schränkt die Gewalten ein. Dazu zählt auch der Mensch, ohne den die heutige Küstenlinie keinen Bestand hätte.

## Teil eines großen Wasserkreislaufs

Wassermoleküle lösen sich von der Meeresoberfläche und steigen in der Atmosphäre auf. Sie bilden Wolken, die mit dem Westwind über den mitteleuropäischen Kontinent driften und dort über dem Land, spätestens an den Mittelgebirgen, abregnen. Als Grund- oder Oberflächenwasser fließen sie dann dem Gefälle folgend über Gebirge, Sand und Niederungen wieder zur Küste. Zwischenzeitlich werden sie jedoch unter anderem von Städten, Industrien oder der Landwirtschaft genutzt, waschen Dächer, Straßen und Plätze und nehmen trotz des eventuellen Besuchs in einer Kläranlage jede Menge fremder Moleküle auf. Das, was letztlich wieder am Meer ankommt, erinnert wenig an das klare Quellwasser, das oben im Mittelgebirge entsprungen war.

**Am Strand treffen mit Meer, Land und Atmosphäre drei Elemente aufeinander. Strand- und Küstenwanderer haben das Glück, die ungeheure Klarheit, Stärke und Vielfalt zu erleben, die bei der direkten Konfrontation dieser Elemente unter den jeweiligen Bedingungen entsteht.**

Ungewöhnliche Lebensräume überraschen und seltsame Pflanzen und Tiere begegnen uns.

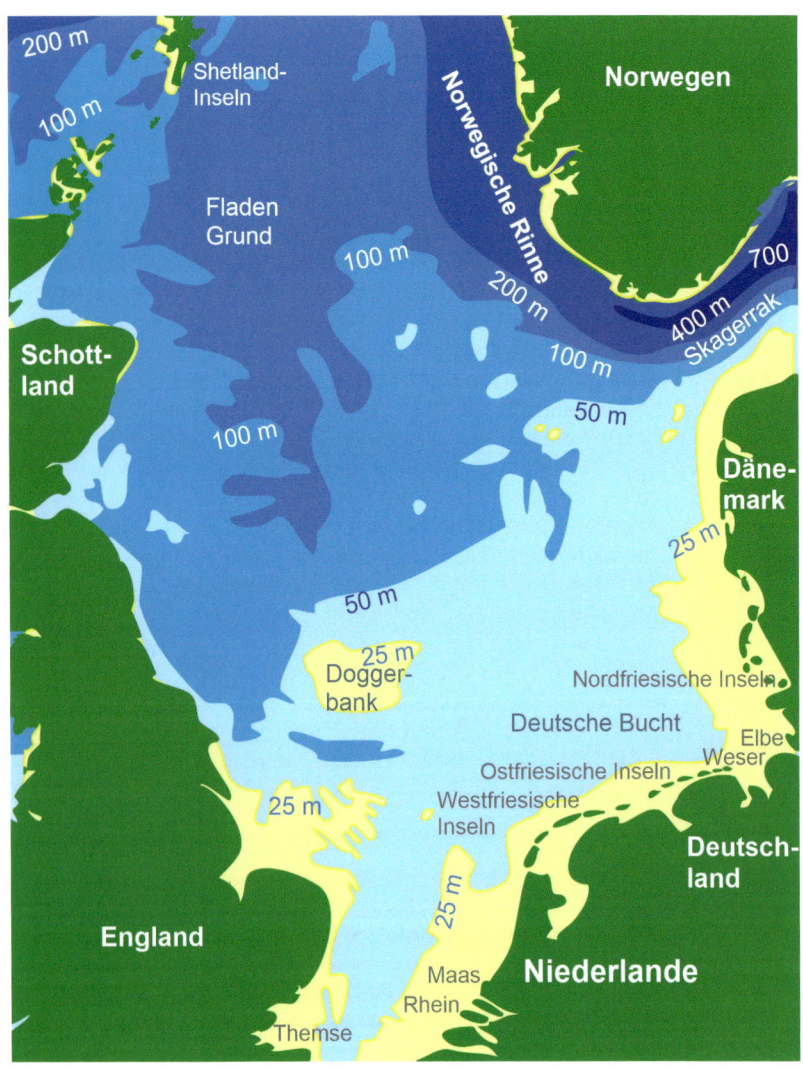

Die Nordsee mit ihren Meerestiefen

# Lebensräume

## Das Meer

Die Nordsee ist ein Nebenmeer des Nordatlantiks. Sie steht zwischen Schottland und Norwegen – abgesehen von den schottischen Orkney-Inseln und den Shetlands – in offener Verbindung mit dem Ozean. Ihre äußeren Grenzen erinnern an ein Rechteck, das rund 800 Kilometer lang sowie 600 Kilometer breit ist und eine Fläche von etwa 575 000 Quadratkilometern bedeckt – so viel wie die Landfläche Deutschlands und der britischen Insel zusammen.
Der Meeresboden steigt im Ozean von mehreren tausend Metern Tiefe auf rund 200 Meter beim Eingang der Nordsee an. Nur vor der norwegischen Küste bleibt eine 50 Kilometer breite, 700 Kilometer lange und unter 200 bis 600 Meter absinkende Vertiefung: die Norwegische Rinne. In der inneren Nordsee beträgt die mittlere Meerestiefe 50 bis 70 Meter. Noch etwas flacher mit 30 bis 50 Meter wird es in der südlichen und östlichen Nordsee bis an die Küsten Dänemarks, Deutschlands und der Niederlande. Über der Doggerbank sinkt das Lot schon nach rund 20 Metern auf den Meeresgrund. Ähnlich flach ist die Nordsee auch vor den Nord- und Ostfriesischen Inseln und der Elb- und Wesermündung.
**Der Meeresboden wird weithin von Sand bedeckt. Wo Vertiefungen oder sogar Rinnen wie vor Norwegen vorhanden sind, beruhigt sich das Wasser. Auch feine Festbestandteile sacken dann auf den Meeresgrund und bedecken ihn mit Schlick. Grobsand und Kies bleiben liegen, wo Strömungen und Wellen alles feinere Material wegtransportieren.**
Die Inseln vor der dänischen, deutschen und niederländischen Küste und das Wattenmeer verdanken ihre Existenz dem sehr allmählichen Anstieg des Meeresbodens und dem Einfluss der starken Gezeiten.

### Salz- und Süßwasser

Meerwasser kann man aufgrund seines hohen Salzgehaltes nicht trinken – wer es zu sich nimmt, wird einen physiologischen Kollaps erleiden, weil das Salz das körpereigene Wasser aus den Zellen zieht. Dennoch ist das Salzwasser ein Quell des Lebens: Im Meer entstanden die ersten Zellen – hier vollzog sich über eine Milliarde Jahre die Evolution zu einer Vielfalt der Organismen, die erst die Besiedlung des Süßwassers und schließlich des Landes möglich machte. **Heute leben im Salz- und Süßwasser getrennte Tier- und Pflanzenwelten. Die Überführung einer Art vom Meer ins Süßwasser oder umgekehrt tötet sie sofort.** Nur wenige Spezialisten überleben im Grenz- und Wechselbereich dieser beiden Welten (einige vielborstige Würmer, wenige Krebse und Muscheln) oder überwinden wie etwa wandernde Fischarten (Lachs, Aale, Meeresforelle etc.) die »Todesgrenze«.

Die Nordsee südlich von Helgoland

Vom Festland (Norwegen, Schweden, Niederlande, Deutschland, Dänemark) und der britischen Insel her bringen Flüsse jährlich 300 bis 350 Kubikkilometer Süßwasser in die Nordsee. Im Nordosten strömen an der Oberfläche weitere etwa 450 Kubikkilometer salzarmes Wasser aus der Ostsee zu. Entlang der norwegischen Küste gelangen diese Wassermassen in den Atlantischen Ozean.

### Der Atlantische Ozean versorgt die Nordsee mit Salzwasser

Vom offenen Ozean her treibt der Wind das mit 35,3 Gramm Salz pro Liter sehr salzreiche Wasser des Atlantiks in die Nordsee. Ein zweiter sehr erheblicher Salzwassereinstrom erfolgt am Boden der tiefen Rinne vor Norwegen. Dieses Tiefenwasser fließt durch den Skagerrak und das Kattegat in die Tiefenbereiche der Ostsee. Den dritten Zustrom von salzreichem Ozeanwasser erhält die Nordsee im Südosten durch den Ärmelkanal. Dieses Wasser treibt vor der Festlandsküste nach Nordosten und vermischt sich mit zuströmendem Flusswasser. Teils gelangt es dann in die Ostsee, teils mit dem aus der Ostsee abfließenden Wasser entlang der Küste Norwegens in den Atlantik.

**Weil der Wind über der Nordsee vorwiegend von Westen und Südwesten bläst, entstehen im flachen Meer vermehrt östliche und nördliche Strömungen. Im Norden, vor den Küsten Norwegens, wenden sie sich nach Osten. Wenn der Wind aus Nordosten bläst, können sich die Strömungen auch umkehren.** Die Salzgehalte in der Nordsee nehmen vom Ozean im Westen zum Wattenmeer deutlich, aber nicht kontinuierlich ab. Vor der schottischen Küste liegen sie noch über 35 Gramm pro Liter, unter dem Einfluss der Süßwasserzuflüsse sinken sie entlang der englischen Küste auf 34,5 Gramm, und vor den Ostfriesischen Inseln sind es nur noch 30 bis 32 Gramm pro Liter Wasser. Das Wattenmeer erreicht in Niedersachsen und in Schleswig-Holstein nur zwischen 18 und 20 Gramm pro Liter. Vor Helgoland hat das Meer dagegen einen Salzgehalt von 30 bis 32 Gramm Salz pro Liter.

Wir unterscheiden im Meer zwei Großlebensräume: Das freie uferferne Wasser wird **Pelagial** genannt. Die im Wasser und mit der Strömung treibenden Tiere und Algen werden als Plankton bezeichnet, die zielgerichtet und strömungsunabhängig schwimmenden als Nekton. Der Lebensbereich am, auf und im Meeresboden, das **Benthal**, sammelt all das auf, was darüber im

Wasser produziert wurde oder gestorben ist. Unten wird das Material zerlegt: Bakterien und Tiere setzen diejenigen Nährstoffe frei, die für die biologische Produktion im freien Wasser benötigt werden. An der Küste bildet das Litoral die Verbindung zwischen Pelagial und Benthal.

**Die geringe Tiefe der Nordsee hat zur Folge, dass die Nährstoffe leicht vom Boden in das darüber befindliche Wasser zurückgelangen. Dort stehen sie öfter und mehr für die biologische Produktion zur Verfügung als beispielsweise im offenen Ozean. In der Folge zeichnet sich die Nordsee durch einen Reichtum an Meerestieren und Fischen aus.** Die Fischer hatten daran viel Freude, führten mit ihrer Tätigkeit aber auch den Zusammenbruch von Fischbevölkerungen und die Zerstörung der Bodentierwelt herbei.

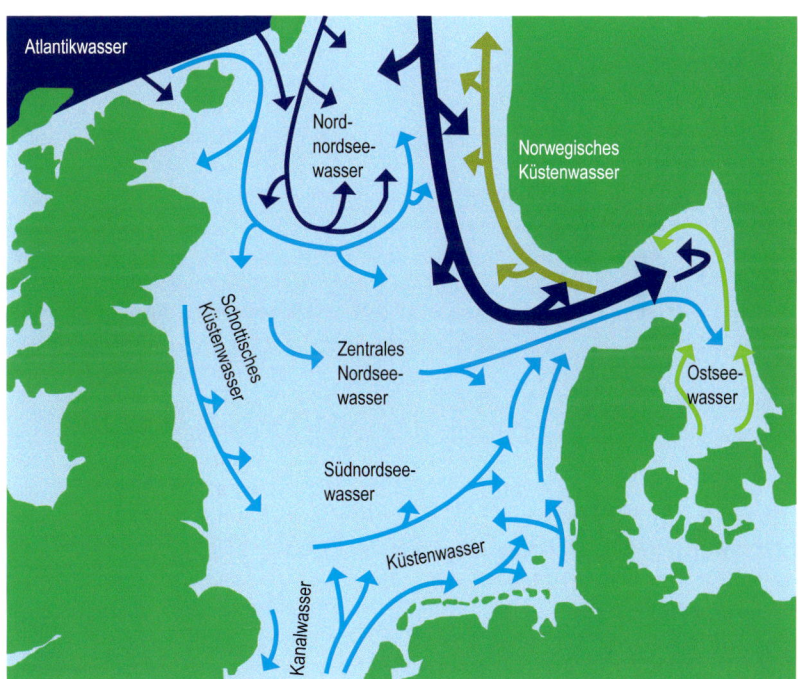

Die wichtigsten Meeresströmungen und Wasserkörper der Nordsee. Einströmendes salzreiches Wasser ist blau, ausfließendes salzärmeres grün gezeichnet. Die Strichdicke deutet die Volumenrelationen an.

## Temperaturabhängige Schichten im Nordseewasser

Im Sommer nimmt die Nordsee über ihre Wasseroberfläche die Sonnenwärme auf. Da sich warmes Wasser ausdehnt, verringert sich sein spezifisches Gewicht, und es bleibt oben. Dagegen behält das Tiefenwasser seine Kälte und verbleibt unten. Wenn eine längere Zeit ohne heftige Stürme vergeht, bildet sich eine deutliche Grenzschicht – genauer: Sprungschicht – zwischen beiden Wasserzonen. Sie verhindert die Verteilung der Nährstoffe und kann für die Kleinstlebewesen im Wasser unüberwindbar sein. Hält die Trennung zwischen dem lichtreichen warmen Oberwasser, in dem die Kleinalgen Sauerstoff produzieren, und dem Sauerstoff zehrenden kalten Bodenwasser lange an, breitet sich am Boden eine für die Tiere gefährliche Sauerstoffarmut aus.

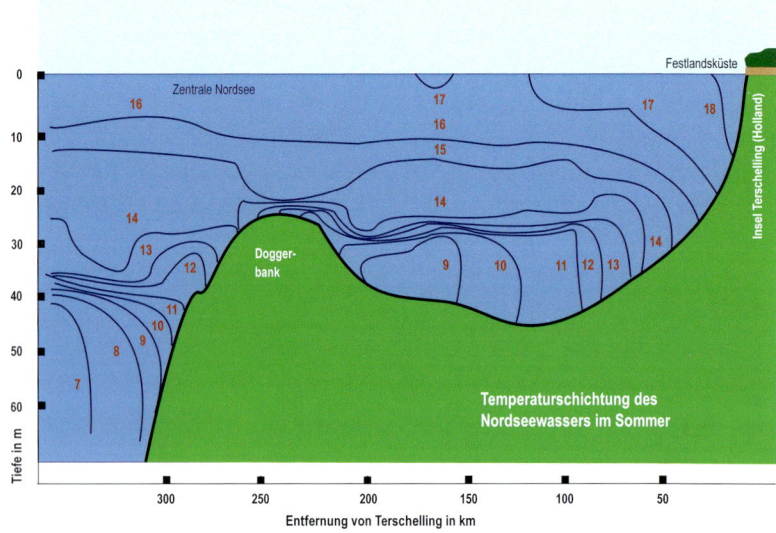

Längsschnitt durch die südliche Nordsee von der niederländischen Insel Terschelling zur Doggerbank. Die Linien gleicher Wassertemperatur sind eingezeichnet. Unterhalb von 14 Grad nimmt die Temperatur schnell ab, das zeigen die dicht beieinanderliegenden Linien. Dadurch bildet sich eine Sprungschicht, die den Austausch des Wassers be- oder sogar verhindert.

Blick auf Helgoland beim Anlaufen des Hafens

## Hochsee- und Felseninsel Helgoland

Für den südlichen und östlichen Teil der Nordsee ist die Insel Helgoland einmalig. Wenigstens 40 Kilometer ist das nächste Land entfernt. Wer oben auf dem Plateau des roten Felsens seinen Rundgang macht, fühlt sich wie auf der Brücke eines großen Schiffes: Sicher und geschützt blickt er rundum in einen blauen Ozean mit endloser Weite. Helgoland verdankt seine Existenz dem Aufstieg eines Salzstocks: Der drückte im Tertiär (etwa vor 65 bis 2 Millionen Jahren) das vor 260 Millionen Jahren abgelagerte Salz des Zechsteinmeeres aus dem 6000 bis 8000 Meter tiefen Untergrund an die Erdoberfläche. Auch die verschiedenen Ablagerungen der Eiszeiten wurden auf Helgoland nachgewiesen. Mit heftigen Stürmen und im Extrem bis 15 Meter hohen Wellen reibt sich das Meer seit dem nacheiszeitlichen Meeresspiegelanstieg an diesen Felsen.

### Einmalige Natur – unter und über Wasser

Heute liefern die Strände der Helgoländer Hauptinsel und Düne ein reiches Angebot für Strandsteinsammler. **Unter der Wasseroberfläche liegen die flachen Felsterrassen des roten Buntsandsteins (Hauptinsel) und des Muschelkalks beziehungsweise der Kreidezeit (Düne). Sie bieten mit ihrem festen Untergrund, ihren Spalten und Höhlen den Großalgen und der Meerestierwelt einen für die südliche und östliche Nordsee einmaligen Lebensraum. Felswatten und Felssockel stehen unter Naturschutz.** Die steilen Felsen und die einsame Lage im Meer machen Helgoland für

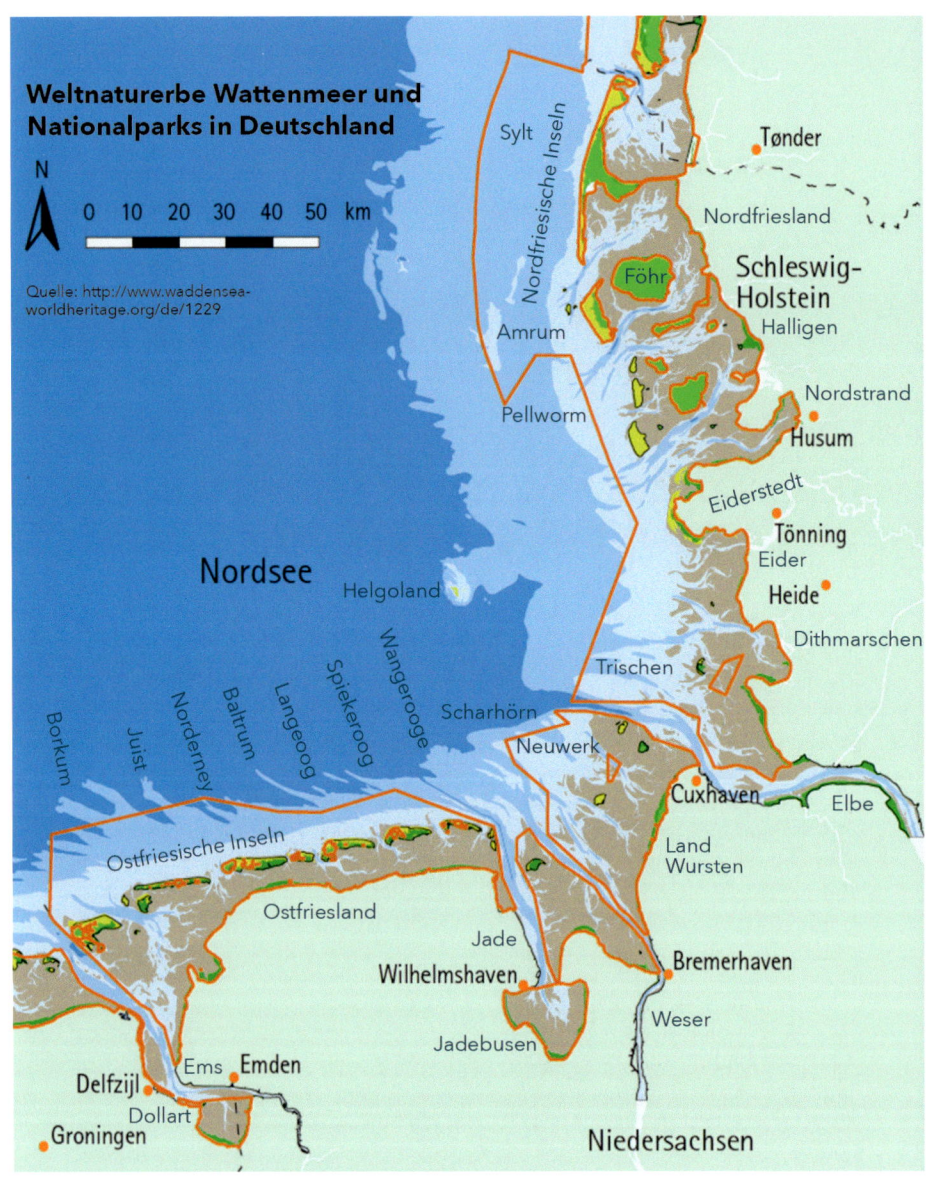

Karte der Nordseeküste zwischen Borkum und Sylt. Rot eingezeichnet sind die Grenzen des Weltnaturerbes Wattenmeer und der Nationalparks in Niedersachsen, Hamburg (Neuwerk/Scharhörn) und Schleswig-Holstein (Quelle: http://www.waddensea-worldheritage.org/de/node/1229, verändert).

Helgoländer Düne, im Hintergrund die Hauptinsel

brütende Meeresvögel und während der Zugzeit für zahlreiche weitere Vogelarten interessant. Seit sie geschützt sind, kommen auch Seehunde und Robben regelmäßig. Jahrhundertelang brachten Helgoländer Seeleute Pflanzen mit auf die Insel, die sich – begünstigt durch milde Winter und geeignete Biotope – oft einbürgern konnten.

## Inseln und Sande

Die sieben Ostfriesischen Inseln Baltrum, Borkum, Juist, Langeoog, Norderney, Spiekeroog und Wangerooge verdanken ihre Existenz dem Meer und dem Wind, die den Sand brachten und die Inseln formten. Erst nachdem der Meeresspiegel vor etwa 2000 Jahren beinahe sein heutiges Niveau erreichte, entstanden diese Inseln.
Von den fünf deutschen Nordfriesischen Inseln besitzen drei (Amrum, Föhr und Sylt) ein Fundament aus dem Moränenmaterial der Saale-Kaltzeit. Pellworm und die Halbinsel Nordstrand, die erst 1987 mit dem Festland verbunden wurde, sind nach schrecklichen Sturmfluten im 14. und 17. Jahrhundert aus der früheren Marscheninsel Strand hervorgegangen.
Im Bereich der Mündungen von Elbe und Weser haben nur die kleinen Inseln Neuwerk, Scharhörn und Trischen Bestand. **Die Außenküsten der Inseln fügen sich zu einer sanft geschwungenen Linie, die dem Bild einer Ausgleichsküste entspricht. Eine solche Küste entsteht bei niedrigerem Tidehub wie in Holland, Dänemark oder an der Ostsee. Ebbe und Flut füllen und leeren jedoch immer wieder das tiefer liegende Wattenmeer. Sie halten die Fluttore (Öffnungen, durch die das Wasser ein- und ausströmt) zwischen den Inseln, die örtlich auch »Seegatt«, »Ee« und ähnlich heißen, offen.** Diese Strömungsrinnen beherbergen seltene Meerestierarten wie etwa Sandkorallen (Würmer). Die Nordost-Hälften der Ostfriesischen Inseln sind mit ihren wilden Naturlandschaften aus Sand und Wasser Teil des Nationalparks Wattenmeer, die Südwest-Spitzen tragen Küstenbauwerke gegen die Angriffe der Stürme. Die Nordfriesischen

Blick über die »Inselkette« von Baltrum nach Langeoog

Inseln, die vom Nationalpark Schleswig-Holsteinisches Wattenmeer umgeben sind, wurden bisher nicht in das Schutzgebiet einbezogen. Aus dem Aufprall der Herbst- und Winterfluten entstanden ihre Kliffküsten. Bei allen Inseln haben sich zur Wattenmeer-Seite hin flache Marschen angelagert. Sie sind im Frühsommer einzigartige Brutgebiete für die Vögel.

## Landschaftsformen auf den Inseln

1 **Breite Sandstrände** bilden oft die Grenze zwischen Insel und Meer. Sie zeigen an, dass an dieser Stelle noch Sand vom Meer angeliefert wird (hier: Borkum).

2 Insgesamt mehrere hundert Kilometer **Weißdünen** hat der Wind auf den Inseln aus dem Nordseesand aufgeschichtet (hier: Borkum).

3 Nährstoffarme **Graudünen** sind gealterte Weißdünen, die nicht mehr mit dem frischen Sand vom Meer versorgt werden (hier: Amrum).

4 Im naturnahen **Ostteil** der Ostfriesischen Inseln kann das Meer während der Winterstürme die Dünen durchbrechen und über die Insel ins Wattenmeer strömen. Im Sommer bleiben dann Restgewässer (hier: Norderney).

5 Das etwa fünf Kilometer lange **Rote Kliff** der Insel Sylt schneidet den eiszeitlichen Geestkern der Insel an. Es wird durch Sandvorspülungen gegen Abtragung stabilisiert.

6 **Marschen und Salzwiesen** bilden auf den Inseln breite Übergänge von den Dünen zum Wattenmeer (hier: Norderney).

Überschaubar: das Wattenmeer bei Hochwasser (Blick von Neßmersiel nach Norderney)

## Wattenmeer

Wo sonst kann man mit Rucksack und Butterbrot bepackt stundenlang über den Meeresboden wandern? An der ost- oder nordfriesischen Küste stehend, sieht man das Wattenmeer als weite und zugleich überschaubare Fläche zwischen Land und Inseln. Es ist von den Niederlanden bis Dänemark rund 450 Kilometer lang, zwischen 6 und circa 40 Kilometer breit und umfasst etwa 7200 Quadratkilometer Watten und ständig wasserbedeckten Boden. Der Wattenboden neigt sich weniger als einen Meter auf mehrere Kilometer. Die Priele sind tiefer, und die Fluttore zwischen den Inseln erreichen 30 bis 40 Meter Wassertiefe. **Zum Festland und zu den Inseln hin steigt der Boden des Wattenmeeres an. Er gliedert sich durch Wasserscheiden, hohe Rücken und Priele, in denen das Wasser zweimal täglich mit der Flut einströmt und bei Ebbe abläuft.** 90 Prozent des Bodens bestehen aus Sand, der Rest aus Schill, Schluff, Ton und kleinsten organischen Resten. Diese 10 Prozent bilden den oft ufernahen Schlick, den Nordsee, Verklappungen und die Erosion der Flussauen eintragen.

### Zonen des Wattenmeeres

Im Wattenmeer unterscheidet man daher drei Zonen. Zuerst den dauernd untergetauchten Bereich: Der mittlere Salzgehalt beträgt 18 bis 20 Gramm Salz pro Liter Wasser. Zweitens die zeitweise wasserfreien Flächen: Nicht alle Tiere ertragen die wechselnden Salzgehalte und verkraften, dass etwa 4600

Quadratkilometer dieses Meeres zweimal täglich trockenfallen. **Im Wattenmeer existieren nur diejenigen Tiere, die mit dem Wasser kommen und gehen, oder solche, die die zeitweilige Trockenzeit im Boden oder anders überdauern.** Das sind zwar nur wenige Arten, aber zahlreiche Individuen von Muscheln, Schnecken, vielborstigen Würmern und einigen Krebsen. **In den Salzwiesen, der dritten und gelegentlich überfluteten Zone (etwa 400 Quadratkilometer), leben salzliebende oder -tolerierende Pflanzen** mit seltenen Insekten, Spinnen und anderen Arten. Mit jeder Sturmflut wachsen diese Wiesen höher auf.

Wattenmeer – wenn das Meer weg ist

## Halligen

Der Inseltourist, der mit dem Schiff vom nordfriesischen Dagebüll nach Amrum fährt, reibt sich eine Weile nach dem Ablegen verwundert die Augen: Wie eine Fata Morgana erscheint im Süden eine kräftige Horizontlinie mit aufgereihten kleinen Inselchen, die an eine Perlenkette erinnern. Wer näher kommt, erkennt das nur **wenig mehr als einen Meter den Meeresspiegel überragende Marschland der Halligen Oland und Langeneß, später auch Hooge** mit den aufragenden, zuerst als Inseln wahrgenommenen Warften. Zehn Halligen gibt es im nordfriesischen Wattenmeer zwischen Föhr und Eiderstedt. Allein die Hamburger Hallig ist mit Fahrrad, Auto und zu Fuß erreichbar, alle anderen nur über den Seeweg.

### Erinnerung an die frühneuzeitliche nordfriesische Kulturlandschaft

Halligen sind kleine, wenige bis maximal etwa 950 Hektar (Langeneß) große Inseln. In dieser Weise wurden in früheren Jahrhunderten die Marschen bewirtschaftet, bevor Deiche Ackerland und Siedlungen umgaben. Ihr Land wird viele Male im Jahr schon bei mittleren Sturmfluten überspült. Dann ragen nur die von den Menschen aufgeworfenen Wohnhügel (auch: Warf[t]en) aus dem Meer, während die Wiesen durch das Wasser gedüngt werden. Hier wachsen nur salztolerante Pflanzen, die von Schafen und Rindern abgeweidet werden. **Halligen tragen dadurch die eindrucksvolle Salzwiesenvegetation des Wattenmeeres. Im Frühjahr und Herbst kommen unter anderem**

Drei Warf(t)en (Wohnhügel) der Hallig Langeneß im nordfriesischen Wattenmeer

**Ringel- und Weißwangengänse und grasfressende Enten wie die Pfeifente in großer Zahl. Sie werden geduldet, seit die Bauern eine Entschädigung für die Fraßverluste erhalten.** Mit den Vögeln kommen auch Touristen. Die Halligen sind den Angriffen von Wellen und Meeresströmung ausgesetzt. In der Vergangenheit haben sie oft ihre Lage verändert, viele sind sogar komplett untergegangen. Heute werden die Ufer der Halligen von Küstenbauwerken gesichert.

## Marschen

Bei der Anreise zur Nordseeküste beginnt das Gefühl, dem Meer allmählich nahe zu sein, oft bereits 20 bis 30 Kilometer vor der tatsächlichen Ankunft. Nur die See bringt eine so flache und von Dänemark bis zu den Niederlanden reichende eigentümliche Landschaft hervor, wie die Marschen es sind. Die produktiven Böden brachten ihnen den Beinamen »Goldener Saum« ein. Solange das Meer den Boden gelegentlich überflutet, lagern sich mitgeführte Feinsande, Schluffe, Tone und sogar Wattschneckenschill ab. Der Salzgehalt des Bodens bleibt hoch, er beherbergt die Pflanzenwelt der Salzwiese. **Erreicht das Wasser den Boden nur noch selten, beginnt er zeitweise zu trocknen. Luft gelangt in den Porenraum, der Regen süßt ihn aus, und der Prozess der Bodenbildung beginnt. Der Boden wandelt sich mit dem Abnehmen der Überflutungen von einer Rohmarsch (Salzmarsch) zur Kalkmarsch und einige hundert Jahre später zur Kleimarsch.**

Westerhever Grünlandmarsch vom Deich aus gesehen

In der Naturlandschaft bildet das Meer Strandwälle, Priele und Flüsse werfen Uferwälle auf. Diese Wälle schirmen zurückliegende tiefere Flächen (das Sietland) der Marschen gegen das Flusswasser ab, sie haben aber keinen Abfluss für das Regenwasser. Auf diesen Flächen wachsen Nieder- und Hochmoore, gesäumt unter anderem von Röhrichten, Erlen und Weiden. **Heute sind die Marschen vollständig besiedelt, als Äcker, Weiden oder Obstplantagen genutzt, entwässert und eingedeicht.**
Eine Erinnerung an den Landschaftsursprung der Marschen liefern die zahlreichen Schilfflächen, Fleete, Gräben und Reste der Nieder- und Hochmoore. Weidengebüsch und Erlen wachsen in Niederungen, stattliche Eschen und Eichenbäume wie in der Hartholzaue bei alten, auf einem ehemaligen Uferwall errichteten Hofanlagen. Wiesen- und Wasservögel leben auf den verbliebenen Weiden. Rastende Gänse, Enten und Watvögel besuchen – oft zum Verdruss der Bauern – die Ackerflächen.

Ackerflächen im Marschland des Wesselburener Koogs an der Eidermündung

Elbeästuar: Blick aus Richtung Stade auf die Unterelbe mit dem Radarturm bei Glückstadt

## Flussmündungen als Ästuare

Elbe, Weser, Ems und Eider transportieren rund 800, 350, 150 und 25 Kubikmeter Wasser pro Sekunde in die südöstliche Nordsee. Ihre Mündungen stehen in weiter und offener Verbindung zum Meer, sie sind also Ästuare. **Durch die Gezeiten fließt das Wasser mit heftiger Strömung zweimal täglich stromauf und -ab.** Im Unterschied zu diesen Ästuar-Flussmündungen formt ein Fluss in einem gezeitenarmen Meer eine Delta-Mündung.

Die Weite der Elbmündung bei Cuxhaven beträgt etwa 17 Kilometer, die der Weser 11, jene der Ems 9 und die der Eider vor dem Umbau 4, heute mit Sperrwerk noch etwa einen Kilometer. Diese äußeren Ästuare gleichen mit ihren Sandbänken, Watten, Prielen und Salzwiesen dem Wattenmeer. Der Einfluss der Gezeiten reicht weit in die Flüsse hinein, in der Elbe bis zum 140 Kilometer stromauf liegenden Stauwehr Geesthacht.

### Gezeiten durch Flussausbau fast verdoppelt

Mit heute etwa 3,50 Meter in Hamburg und 4 Metern in Bremen hat sich der Tidenhub innerhalb der letzten Jahrzehnte gegenüber dem Naturzustand fast verdoppelt. **Da Süßwasser leichter als Salzwasser ist, schwimmt es an der Oberfläche das Ästuar hinunter. Gleichzeitig schiebt sich salzreiches Meerwasser am Boden in den Fluss. Mit jeder Tide wandern diese beiden Salzgehaltsfronten im Flussbett. Zwischen beiden besteht eine Brackwasserzone.** Salzarmes Elbewasser kann sogar Helgoland erreichen.

Wolkenspiel über dem Watt

Brack- und Süßwasser töten Meerestiere, jedoch leben Arten wie der Wattwurm, die Herzmuschel oder der Schlickkrebs noch zahlreich im Brackwasser. Jeder Fluss schwemmt aus seinem Tausende Quadratkilometer großen Einzugsgebiet Bodenteilchen ins Meer. Das macht die Mündung biologisch produktiv, fisch- und krabbenreich. Industrialisierung, Deichbau, ständiges Baggern im Flussbett und andere Störungen bringen natürliche Vorgänge jedoch mehr und mehr zum Erliegen.

## Zusammenspiel der Naturfaktoren

Die Nordsee drängt von Westen gegen die sanft ansteigende norddeutsche Tiefebene. Wo der Wind Dünen auftürmt, betragen die Höhenunterschiede zwischen Land und Meer viele Meter und sind eindrucksvoll steil. Dagegen spielen Höhen von wenigen Zentimetern eine Rolle, wenn Salzwiesen langsam aus dem Schlick herauswachsen und wenn Watt zur vom Menschen besiedelten Marsch wird.
**Es gibt einige Orte an der Küste, an denen man das freie Aufeinandertreffen der Naturelemente Wasser, Wind und Sand spüren und sie in ihren natürlichen Wirkungen in der Landschaft erleben kann.** Doch an den meisten Uferstrecken geht heute nichts mehr ohne den Menschen.

Hallig Habel im nordfriesischen Wattenmeer

Viele Küstenabschnitte sind für touristische oder wirtschaftliche Bedürfnisse umgestaltet. Wasserbauingenieure, Deichgrafen und Küstenämter mit ihren Mitarbeitern legen die Küstenlinie fest und unterhalten sie. Am hohen Kostenaufwand beteiligen sich nicht mehr nur die jeweilige Landesverwaltung, sondern auch die Bundesregierung und sogar die Europäische Union.
Watt und Meer vor dem Deich sind noch größtenteils als ein Refugium der Natur erhalten. Am Wattenmeer ist die landseitige Grenze durch die großen Seedeiche vorgegeben. Zur Nordsee findet ein offener Austausch mit Sand, Meerwasser, Tieren und Pflanzen statt.

Nordseeküste, Inseln und Wattenmeer sind über weite Strecken eine Kulturlandschaft, die reichen landwirtschaftlichen oder auch touristischen Ertrag bringt. In dieser Landschaft regelt und kontrolliert der Mensch den Einfluss der Elemente. Er hält das Meer aus dem Land, sorgt dafür, dass Regenwasser auf schnellstem Weg ins nächste Fleet abläuft und sicher in die Nordsee gelangt: früher durch Klappensiele, heute durch kräftige Pumpwerke.

### Der Sand »ernährt« die Küste

Der Mensch bestimmt also den Küstenverlauf, jedoch sind Grundlagen, auf denen er handelt, durch die Geologie und Hydrologie der Nordseeküste vorgegeben. Auch die wild lebenden Pflanzen und Tiere müssen sich an die Situation anpassen, die sie vorfinden.

Am wichtigsten ist der Sand. Nichts geht ohne ihn. Er pfeift den Inselbewohnern bei jedem Wind um die Ohren und spielt seinen Part im täglichen Leben auf den Inseln. Sand und Sandbänke sind das Basismaterial der Küsteningenieure. Sie beherrschen die Gedanken der Schiffssteuerleute, wenn sie sich der Küste und den Flussmündungen nähern. **Der Sand »ernährt« die Inseln und das Wattenmeer. Er ist das Material, aus dem sie aufgebaut sind. Mit jedem Sturm wird er neu angeliefert oder weitertransportiert. Ohne den Sandnachschub wären Inseln und Wattenmeer dem Angriff der Wellen und Fluten bald schutzlos ausgeliefert.**

Doch woher kommt eigentlich all dieser Sand? Ungeheure Mengen davon liegen auf dem Grund der gesamten südlichen Nordsee. Er wurde in den

Der Seewind treibt den Sand über den Borkumer Nordseestrand.

Millionen Jahren der Erdgeschichte etwa durch ein Flusssystem aus dem Osten in der norddeutschen Tiefebene angeliefert (beispielsweise der schöne helle Sylter Kaolinsand vor zwei bis drei Millionen Jahren).

## Gletscher brachten Sand und Steine

**In geologisch jüngerer Zeit (Quartär/Eiszeitalter, seit circa zwei Millionen Jahren bis heute) kamen weitere Mengen Lehm, Sand, Kies und Steine mit den größten Schwertransportern, die die Welt kennt: Gletscher.**
Mehrere hundert Meter dicke Eismassen schoben sich wiederholt von den skandinavischen Gebirgen und weiter westlich von Schottland in das Nordseebecken. Auf ihrem Weg nahmen sie Gestein und Gebirgsschutt in ihren Eispanzer auf, trugen ihn weiter und zermahlten ihn teilweise unter dem Hunderte Tonnen schweren Druck.

Die Zeit des letzten Gletschervorstoßes, der das Nordseegebiet überfahren hat, wird nach dem Ort in der gleichnamigen niederländischen Provinz, an dem zuerst seine Spuren gefunden wurden, »Jüngeres Drenthe-Stadium« genannt. Das war eine späte Phase der Saale-Kaltzeit (vor 300 000 bis 130 000 Jahren). Dieser letzte Gletscher hinterließ Hügel und Höhenzüge, die wir heute an der Küste vorfinden.

Einen weiteren Schub an Sand und Kies erhielten Teile der Nordseeküste mit dem Abtauen der letzten Gletscher am Ende der Weichsel-Kaltzeit vor 22 000 bis 10 000

Sand aus Sylt, vergrößert

Aus dem eiszeitlichen Geschiebemergel des oberen Roten Kliffs von Kampen (Sylt) ausgewaschene Steine

Sandbänke in der Elbmündung

Jahren. Damals reichten die Ränder dieser Gletscher von Ostholstein über Mecklenburg und Berlin bis nach Polen und weiter nach Osten. Bei jedem sommerlichen Abtauen wurden am Gletscherrand gewaltige Schmelzwasserströme freigesetzt. Sie sammelten sich von den Eisrändern kommend in breiten und tiefen Urstromtälern wie denen von Weser und Elbe. Mit dem stark strömenden Wasser der auftauenden Gletscher wurden Sand und Kies in das heutige Küstengebiet und in Richtung der damaligen Nordsee transportiert. Der Meeresspiegel war vor 10 000 Jahren noch rund 100 Meter tiefer als heute, und die Meeresküste befand sich zwischen England und Norwegen. Die frühen steinzeitlichen Europäer konnten England von Ostfriesland aus erreichen.

## Junge Landschaftsformen: Wattenmeer und Küste

Erst seit grob 2000 Jahren befindet sich der Meeresspiegel etwa beim heutigen Niveau. Vermutlich haben auch die ostfriesische Inselkette und die großen Sandbänke vor der Küste dieses Alter. Die Dünen sind jedoch kaum halb so alt. Die Inseln übernehmen für das Wattenmeer und die feste Küste die Funktion eines großen vorgelagerten Schutzwalls aus Sand. In der Gegenwart lässt der hohe Gezeitenhub von 1,50 bis über 3 Meter Sand und Wattenmeer nicht zur Ruhe kommen. Er drückt mit jeder Flut 15 Kubikkilometer Wasser (= 15 000 000 000 Kubikmeter) in das flache Wattenmeer und zieht sie mit jeder Ebbe wieder heraus, zweimal am Tag, rund 730-mal im Jahr. Deshalb bleiben die Inseln voneinander getrennt, die Sandkörner in Bewegung und die Flut- und Ebbtore zwischen ihnen bis zu 40 Meter tief. Den Rest der Sandbewegung oberhalb des Wassers erledigt der Wind.

# Der Mensch an der Nordsee

Der große »Player« in der heutigen Nordseeumwelt ist der Mensch. Zwar kann er physikalische und biologische Gesetze nicht in ihr Gegenteil verkehren. Seine alle biologischen Maße überschreitende Bevölkerungszahl und seine in allen Natursegmenten präsente Aktivität machten ihn jedoch innerhalb weniger Jahrtausende zu einem allgegenwärtigen Einflussfaktor.

Vor knapp 5000 Jahren lag der Meeresspiegel nur noch wenige Meter unter heutigem Niveau. An der damaligen Küste errichteten die ersten sesshaften Gruppen (Trichterbecherkultur) Großsteingräber. **Vor 2000 Jahren und später sind dann zahlreiche Siedlungsplätze mit Wohnstallhäusern entlang der damaligen Küstenlinien nachgewiesen. Sie wurden auf höher liegenden Uferwällen angelegt. Im Lauf der folgenden Jahrhunderte mussten sie aufgehöht werden und wuchsen zu großen Dorfwurten, die oft – mit Siedlungsunterbrechung – bis heute erhalten sind.** Vor rund 1000 bis 1100 Jahren schließlich waren die hoch liegenden Flächen an den Küsten alle besiedelt und neue Siedlungen nur in den feuchteren Niederungen möglich. Die Wasserbautechnik dafür brachten Siedler aus dem niederländischen Friesland mit. Zum Schutz der Ackerfluren an den Wurten legte man Ringdeiche an. Diese wurden mehr und mehr ausgeweitet, sodass bereits zwischen 1200 und 1300 die Küsten weitgehend durch Deiche gegen die See gesichert wurden. Aus der besiedelten Naturlandschaft war innerhalb von wenigen Jahrhunderten eine von Menschen gemachte Küste geworden.

Industriegebiet Eemshaven an der Emsmündung (Niederlande)

Reste circa 5000 Jahre alter Großsteingräber im Watt bei Archsum (Sylt)

Basstölpel nehmen Fischernetzreste statt Algen für den Nestbau; viele Vögel verfangen sich darin und sterben qualvoll.

Gleichzeitig hatte man durch die Deiche den Stauraum des Wassers bei Stürmen eingeschränkt. Damit stieg auch ihre Belastung. Deichbrüche führten zu verheerenden Katastrophen, darunter die Julianenflut im Jahr 1164 (etwa 20 000 Tote), die Erste Marcellusflut im Jahr 1219 (etwa 36 000 Tote) und die Zweite Marcellusflut im Jahr 1362 (etwa 100 000 Tote). Das Meer holte sich tiefer liegendes entwässertes Land zurück, was sich unter anderem an der Entstehung des Dollart an der Ems, am Untergang der Stadt Rungholt in Nordfriesland, dem Einbruch des Jadebusens und der Trennung von Pellworm und Nordstrand zeigt. Die Menschen wiederum haben aus den Katastrophen gelernt: Heute schützen Beton, Stahl, Sperrwerke und Deiche mit teilweise über neun Meter Höhe die Küstenbewohner.

Der menschliche Einfluss auf Meer und Küste ist an den nicht endenden Deichen und Küstenbauwerken am augenfälligsten. Aber gefährlicher für Umwelt, Tiere und Pflanzen der Nordsee und damit letztlich auch für den Menschen ist die Gesamtzahl der Einwirkungen, von denen einige hier aufgelistet werden:

- **Jagd, Fischfang und Nutzung wild lebender Tiere und Pflanzen:** Zum Glück gibt es heute Beschränkungen. So ist beispielsweise die Jagd auf Seehunde, Robben und Wale verboten, Vögel dürfen nur noch außerhalb der

Containerfrachter auf dem Weg zur Elbmündung

Nationalparks geschossen werden. Jedoch beherrscht die Fischerei das Meer. Der Fischfang mit modernen Sonargeräten ist hocheffektiv. Baumkurren, Scherbretter und Ketten vor den Grundnetzen zerstören jedes Jahr die Lebensgemeinschaften auf dem Meeresboden der Nordsee fast flächendeckend. Garnelen und Muschelfischerei erfolgen weiterhin. Für Muscheln und Austern werden Kulturflächen angelegt und auch ungewollte Tiere verbreitet.

- **Einbringen gelöster Stoffe wie Farben über Zuflüsse:** Jedes Jahr werden zahlreiche chemische Verbindungen neu erfunden und nach kurzem Test in Umlauf gebracht. Ihre Umweltgiftigkeit wird oft zu spät erkannt. Ein Beispiel: Tributylzinnhydrid (TBT), das bei Schiffsanstrichen verwendet wurde (inzwischen gibt es ein Verbot), lässt bei weiblichen Jungtieren der Nordischen Purpurschnecke (und anderen) einen Penis wachsen. Sie vermehren sich nicht mehr. Diese Art ist daher in der Nordsee vom Aussterben bedroht. Aber auch Ölunfälle oder Container mit Giftinhalt, die vom Schiff fallen, bedrohen die Lebewesen in der Nordsee. Hinzu kommt der Eintrag von Nährstoffen aus Kläranlagen und der Landwirtschaft.
- **Einbringen fester Stoffe:** Kunststoffe wie Mikroplastikmaterial in Kosmetik, Dämmmaterialien und Fischernetze, Glas, Verbundstoffe oder Strandabfälle von Touristen führen oft zu Krankheit oder Tod von Tieren. Kunststoffe bleiben über 400 Jahre im Meer erhalten.

Wind, Wellen und Strand sind ein Nordsee-Erlebnis, das man auch alleine genießen kann.

- **Diffuser Eintrag von Stoffen:** Über die Luft aus dem Verkehr, von Schiffen, die giftiges Schweröl verbrauchen, aus Kohlekraftwerken und von Industrieschornsteinen gelangen giftige Stoffe in die Umwelt. Auf diese Weise wird Quecksilber sogar bis in die Arktis transportiert.
- **Baumaßnahmen der verschiedensten Art:** Fahrrinnen für (immer größer werdende) Schiffe im Wattenmeer und den Ästuaren, Ausbau von Häfen, Küstensicherung, Siel- und Schleusenbau, Sperrwerke, Industrieanlagen am und im Küstenbereich, Windenergieanlagen, Ölförderplattformen, Gaspipelines, Tausende Kilometer Leitungen aller Art verändern den Lebensraum. Auch die Verklappung von Baggeraushub und Hafenschlick sowie Materialentnahmen von Sand, Öl, Gas oder Muschelschill sind gefährlich.

- **Bionivellierung:** So kann man die regelmäßige Verteilung von Tier- und Pflanzenarten aus allen Regionen der Welt in alle Regionen der Welt durch den Schiffsverkehr bezeichnen.
- **Umweltauswirkungen der Bevölkerungsdichte:** Rund drei Millionen Menschen wohnen im engeren Küstenbereich der Bundesrepublik Deutschland. Viele Millionen kommen als Touristen. Die Flüsse transportieren Abfallstoffe – soweit nicht vorher zurückgehalten – von weiteren circa 50 Millionen Menschen in die Nordsee.
- **Klimawandel:** Der von der Klimaforschung erwartete und von Menschen verursachte Anstieg der Jahrestemperaturen wird nicht nur zu einer Erhöhung des Meeresspiegels führen, sondern er hat Einfluss auf Meeresströmungen, Winde und Regen an der Küste und auf geochemische Zusammenhänge im Meer. Wird beispielsweise das Wasser durch die verstärkte Aufnahme von Kohlenstoffdioxid ($CO_2$) zu sauer, können Muscheln keine Kalkschalen mehr bilden. Tier- und Pflanzenarten können dann gegebenenfalls in den gewohnten Lebensräumen nicht mehr existieren.

**Die Einwirkungen des Menschen auf die heutige Umwelt sind verwirrend vielfältig. Viele Naturwissenschaftler sprechen deshalb bereits vom Anthropozän, dem Menschenzeitalter, welches das Eiszeitalter ablöst. In diesem neuen Zeitalter ist der Mensch der entscheidende »Natur«-Faktor.** Sicher ist, dass wir unsere wirtschaftlichen und gesellschaftspolitischen Leitbilder des »Immer-mehr«, »Immer-besser« und möglichst zugleich noch »Immer-billiger«, des ständigen Wirtschaftswachstums, steigenden Verbrauchs und Wegwerfens dringend ändern müssen. Sonst wird diese Nordsee-Umwelt, an der wir uns heute noch freuen dürfen, in wenigen Jahrzehnten Vergangenheit sein.

# Naturgewalten

Die meisten Menschen nehmen Naturgewalten erst dann zur Kenntnis, wenn sie selbst davon betroffen sind oder wenn über ein Ereignis in den Medien berichtet wird. Winterkälte und Schnee, Trockenheit, Sonnenhitze, Sturm – in der Stadt wird das höchstens zu einer Frage des persönlichen Wohlbefindens. Tiere und Pflanzen an der Küste haben jedoch keine wärmegedämmte Behausung und Heizung.
Bei Tieren führen oft wenige Millimeter Strecke in der Eiseskälte und die einmalige Entscheidung von ihnen, beispielsweise die geschützte Wohnröhre zu verlassen, zu ihrem Überleben oder Untergang. Im Binnenland schaffen die Vegetation, Sträucher und Wälder sowie Strukturen am Erdboden oder etwa Steine schnell ein für Tiere und Pflanzen angenehmeres und mildes Kleinklima. Im Meer kann bereits das Aufschlagen der Wellen auf Watt oder Strand erheblichen Wetterstress verursachen. Aber viele Tierarten können dagegen in tiefere Wasserschichten ausweichen. **Das Leben an der Nordseeküste ist nicht immer so leicht, wie es sich an einem warmen Sommertag für den Strandbesucher anfühlt.**
Auch die Menschen an der Küste müssen sich auf den Zugriff des Wetters einstellen. Erschwerend für ihr wirtschaftliches Überleben ist die Randlage der Küste: Auf der einen Seite des Wirtschaftsraums ist immer Wasser, da wohnt niemand, dem man etwas verkaufen kann. Für Fischer und Schiffe birgt die südliche Nordsee erhebliche Gefahren. Sandbänke sind überall, und sie ändern sich mit den Jahreszeiten. Bei Sturm ist das Meer gnadenlos. Durch die geringe Meerestiefe der Nordsee laufen die Wellen steiler auf und stürzen heftiger als im tieferen Ozean.

## Jahreszeiten am Meer

Im Spätsommer und Herbst geht man im Watt noch angenehm barfuß, wenn obenherum schon eine warme Jacke angesagt ist. Im Frühjahr bleibt das Wasser dafür noch lange kalt, besonders nach einem Eiswinter. Dann mit dem Boot zu fahren ist gefährlich, denn wer bei vier Grad kaltem Wasser über Bord geht, hat nur wenige Minuten, um gerettet zu werden. Klar, dass Wattlaufen bei solchen Temperaturen nur mit Stiefeln oder in anderer Weise kältegeschützten Füßen (und Körper) möglich ist.

Sommer mit blühendem Halligflieder auf der Hamburger Hallig

Wattwandern geht im Frühherbst gerne noch mit nackten Füßen.

**Die Wassermassen der Nordsee wirken im Herbst und zu Winteranfang wie ein riesiger Wärmespeicher – im Frühjahr hingegen wie ein Kühlschrank. Dies liegt daran, dass Wasser die höchste Wärmekapazität aller Flüssigkeiten hat und es dadurch viel länger als das Land braucht, bis es sich abkühlt beziehungsweise erwärmt.** Wasseraustausch und Stürme fördern in der Nordsee zusätzlich immer wieder wärmeres Wasser aus der Tiefe nach oben, bis das Wasser endlich etwa vier Grad Celsius und damit seine größte Dichte erreicht hat. Die im Sommer gegebenenfalls aufgebaute interne Schichtung des Meerwassers ist dann vollständig aufgelöst.

Erst jetzt kann sich die Oberfläche bis hin zur Eisbildung abkühlen – im salzreichen Nordseewasser passiert das ungefähr ab minus zwei Grad. Auch Eis aus Flüssen gelangt im Winter ins Watt. Eis an der Küste gibt es dagegen erst nach einer mehrwöchigen Frostperiode. Die harten Eiswinter sind in den letzten Jahrzehnten seltener geworden. Im Frühjahr speichert die Nordsee die Kälte des Winters. Es dauert bis in den Sommer, bis das Wasser wieder Temperaturen von 14, 15 oder 16 Grad erreicht.

Wenn die Tage im März länger werden, beginnt der **Frühling** im Meer. Die kleinen einzelligen, im Meerwasser schwebenden Algen vermehren sich sprunghaft. **Dieser Plankton»blüte« folgt im April/Mai die Wachstumsphase der kleinen algenverzehrenden Tiere, die als Plankton leben.** Wer mit einem feinen Netz durchs Wasser fischt und eine Lupe hat, sieht buntes und massenhaftes Meeresleben mit Milliarden kleiner Planktonkrebse, Wurm-, Fisch- und Muschellarven.

### »Blüte« der Bodenalgen

Junge Muscheln, Krebse, Borstenwürmer und andere Kleintiere haben im Frühjahr die erste Etappe ihres Lebens im Plankton schon abgeschlossen und lassen sich überall auf dem Wattboden nieder. Diese kleinen Neuankömmlinge und die hungrigen erwachsenen Überwinterer leben vom Frühjahr bis in den späten Herbst hauptsächlich von den für das Auge unsichtbaren kleinen Bodenalgen, die gerade im höheren Watt enorme Vermehrungsraten haben.

Draußen an Land sieht man diesen Lebensboom im Wasser und am Wattboden nicht. Die Salzwiesen zeigen bis spät in das Frühjahr hinein die Winteransicht mit den Blütenständen und getrockneten Blättern des letzten Herbstes. Sie brauchen eine Weile, um sich von Sturmfluten und eventuell vom Eis zu erholen. Ihre beste Zeit beginnt im späteren Frühjahr und dauert bis in den Spätsommer. Mit der höher steigenden Sonne und dem beginnenden **Sommer** gelangen immer mehr Arten zur Blüte. Strandaster und Halligflieder können das Meeresufer in malerisches Violett tauchen. Die Braun- und Grünalgenwälder im Helgoländer Felswatt werden immer dichter. Nun kommen allerdings Touristen in großer Zahl und beanspruchen Strände und Watt für sich.

Bis in den **Herbst** bleibt die Pflanzenproduktion hoch. Im höheren Watt überziehen weiter die Algenmatten den Boden. Nährstoffe sind genügend vorhanden. Jetzt müssen Bodentiere wie Muscheln, Schnecken und Wattwürmer fleißig grasen, damit sie **Fett für den nahrungsarmen Winter anreichern. Gleichzeitig steigt für sie die Gefahr: Vögel von weit her kommen zum Fressen ins Watt, und auch Menschen holen sich Krabben und Muscheln. Von den Bodentieren verlassen bald viele das obere Watt: Wattschnecken, junge Herzmuscheln, junge Wattwürmer und einige andere Tiere heften sich an das Oberflächenhäutchen des Wassers oder lassen Schleimfäden im Wasser aufsteigen, bis sie sich daranhängen können. Der Ebbstrom trägt sie in tieferes Wasser, wo sie sich absinken lassen.** Wer Beine oder

Sommer am Wattenmeer der Insel Sylt

Herbst- und Winterstürme kehren das Unterste nach oben.

Eis zwischen Schlickgras im oberen Watt

Flossen hat, zieht weiter weg ins offene Meer. Wenn dann die Herbststürme mit lautem Tosen von der Nordsee ins Land drängen, bleibt an Strand und Watt kein Korn mehr auf dem anderen. Alles, was nicht niet- und nagelfest oder im Boden vergraben ist, landet schnell auf dem Land.
Der **Winter** im Watt wird für die Tiere hart. Nur Kleintiere wie Muscheln, Schnecken oder Borstenwürmer, die sich tief in den Wattboden eingraben, haben eine Chance, diese Jahreszeit mit verringerter Aktivität oder in einer Winterruhe zu überleben.

### Todesfalle Eisdecke

Schon im Herbst muss der Wattwanderer bei Sturm und Regen Motivation und Mut zusammennehmen. Im Winter kann man ihn vor hochgesteckten Zielen nur warnen. Wer von den Tieren während des kalten Winters hier im Watt bleiben will oder zwangsweise bleibt (wie etwa Miesmuscheln oder Seepocken, die festgewachsen sind), wird viel ertragen müssen. **Zu Sturm, Regen – also dem Eintrag von schädlichem Süßwasser – und Wellenschlag kommen im Winter Kälte, Eisgang und solches Salzwasser hinzu, das sich unter auskristallisiertem Eis mit höherer Salzkonzentration als im Meereswasser anreichert.** Für viele Kleintiere beginnt der Hunger, denn die Kleinalgen im Watt vermehren sich kaum noch, sie überleben in Form von Dauerstadien oder Sporen. In der Salzwiese sind die großen oberirdischen Triebe der meisten Pflanzen abgestorben, sie überdauern mit ihren Wurzeln oder Speichersprossen. Zu fressen gibt es für die Tiere kaum etwas.

# Gezeiten: Wenn der Mond das Meer anzieht

»Ich bin so enttäuscht, dass kein Meer zu sehen ist! Da sind wir von Tübingen hierhergefahren, um das Meer zu sehen, und nichts ist da.« Die Urlauberin, die ihren ersten frischen Eindruck am Wattenmeer impulsiv mitteilt, hat volles Mitgefühl verdient. Wer hat eine solche Enttäuschung nicht nach seinem ersten Nordseebesuch ohne Wasser empfunden? Man muss erst lernen, dass ein Nordsee-Urlaub ohne Tidenkalender nur eine halbe Sache ist. Denn die »Tide« (nord-/niederdeutsch) oder die »Gezeiten« (hochdeutsch) bestimmen das Leben an der Küste – für die Menschen und noch mehr für die Tiere im Watt und am Strand.

Niedrig- und Hochwasser an der Küste des Landes Wursten (Landkreis Cuxhaven), am Horizont die Insel Neuwerk

**Als Tide oder Gezeiten bezeichnet man das Auf- und Absteigen des Wassers.** Ein solches Naturereignis kennt man von vielen Küsten der Erde, aber bei weitem nicht von allen. Die Ostsee ist mit einem Tidenhub von nur 10 bis 30 Zentimetern – je nach Standort – ein Beispiel für sehr kleine Gezeiten. Natürlich gibt es auch Orte, wo sie erheblich höher ausfallen als an der Nordsee, etwa im Watt bei Saint-Malo in Frankreich mit einem Tidenhub von bis zu 12 Metern.
**Selbst an der Nordsee sind die Gezeiten nicht überall gleich. Von nur 1,50 Meter im niederländischen Wattenmeer bei Texel und etwa 2,50 Meter bei den Ostfriesischen Inseln steigt der Hub in der inneren Deutschen Bucht bei Cuxhaven auf 2,90 Meter und bei Büsum sogar auf 3,20 Meter.** In den Flussmündungen steilt sich die Gezeitenwelle auf und erreicht 3,80 Meter in Wilhelmshaven, 3,60 Meter in Hamburg und sogar 4,10 Meter in Bremen. Dies ist auch durch den Ausbau der

Flüsse verursacht. Im nordfriesischen und dänischen Wattenmeer nimmt der Tidenhub dagegen wieder deutlich ab: Bei List auf Sylt erreicht er nur 1,80 Meter.

| Mittlere Tidewerte an der Nordseeküste in Metern | | | |
|---|---|---|---|
| Ort | Mittleres Hochwasser | Mittleres Niedrigwasser | Mittlerer Tidenhub |
| Borkum | 1,10 | –1,30 | 2,40 |
| Norderney | 1,20 | –1,30 | 2,50 |
| Wilhelmshaven | 1,80 | –2,0 | 3,80 |
| Bremen | 2,50 | –1,60 | 4,10 |
| Cuxhaven | 1,50 | –1,40 | 2,90 |
| Hamburg | 2,10 | –1,50 | 3,60 |
| Büsum | 1,60 | –1,60 | 3,20 |
| Sylt/List | 0,90 | –0,90 | 1,80 |

### Wodurch kommt es zu dem Auf- und Absteigen des Wassers?

Schon altgriechische Naturphilosophen wie Aristoteles brachten die Gezeiten mit dem Mond zusammen. Aber es bedurfte in der Neuzeit mehrere Jahrhunderte astronomischer Beobachtungen, physikalischer Theoriebildung und praktischer Messungen, bis die Gezeiten theoretisch weitgehend verstanden und an der Nordsee unter anderem das System der Amphidromien und Flutstundenlinien aufgestellt werden konnte.

**Sehr vereinfacht unterscheidet man zwischen den gezeitenerzeugenden Kräften und den zahlreichen weiteren Faktoren, die für die tatsächliche Höhe der Wasserstände vor Ort verantwortlich sind. Hauptakteure bei der Erzeugung der regelmäßigen oder astronomischen Gezeiten sind Erde, Mond und in geringerem Maß die Sonne. Das hört sich einfach an, aber da die Umlaufbahnen dieser Himmelskörper zahlreichen periodischen Veränderungen unterliegen, ist keine Gezeitenperiode wie die andere. Nur nach vielen Jahren gibt es wieder eine gleiche astronomische Konstellation.**

Wer die Gezeiten auf die Anziehungs-/Gravitationskraft des Mondes zurückführt, kann gut eine Flut mit dem Auftritt des Mondes begründen: Da nicht nur die Erde eine Anziehungskraft hat, sondern auch der Mond, kann er das flüssige Wasser ein Stück zu sich »ziehen« – an der Erdseite, an welcher der Mond steht, hebt sich der Meeresspiegel an. Es gibt an der Nordsee aber

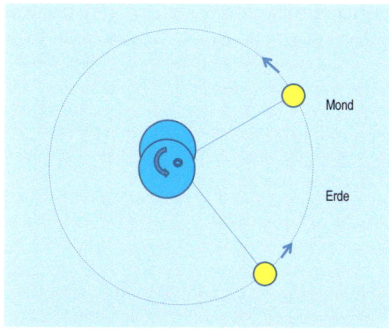

Der gemeinsame Drehpunkt von Erde und Mond: Beide drehen sich um einen Punkt, der noch innerhalb der Erde liegt. Durch diese Drehbewegung entstehen die Zentrifugalkräfte, die auf der mondabgewandten Erdseite die Gezeiten bewirken.

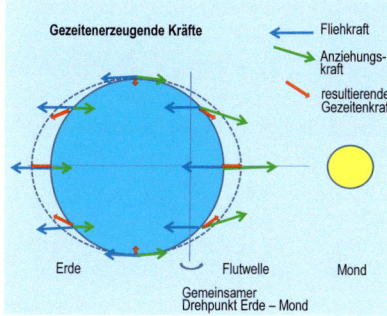

Die gezeitenerzeugenden Kräfte auf der Erdoberfläche: Blaue Pfeile verweisen auf die überall gleich wirkenden Fliehkräfte, grüne Pfeile auf die Anziehungskräfte des Mondes, die auf der mondnahen Seite größer als die Fliehkräfte sind. Auf der mondabgewandten Seite sind die Fliehkräfte größer als die Anziehungskraft des Mondes. Der Unterschied zwischen beiden Kräften bewirkt jeweils die Gezeiten (rote Pfeile).

täglich eine zweite Flut. Diese wiederum lässt sich dadurch erklären, dass sich Erde und Mond um einen gemeinsamen Schwerpunkt drehen. Dieser Drehpunkt liegt noch innerhalb der Erde, über 4000 Kilometer vom Erdmittelpunkt entfernt. Unabhängig davon rotiert die Erde natürlich täglich einmal um sich selbst.

Erde und Mond sind einem Paar vergleichbar, das sich an den Händen hält und sich dabei rasch auf einer Tanzfläche dreht. **Die gemeinsame Drehbewegung erzeugt nach außen gerichtete Zentrifugalkräfte – auch auf der dem Mond gegenüberliegenden Seite der Erde. Insgesamt müssen sich Anziehungs- und Zentrifugalkräfte ausgleichen, damit Erde und Mond ihren Abstand stabil halten.**

Während die Zentrifugalkräfte überall im System gleich vorhanden sind, wirkt die Schwerkraft des Mondes entfernungsabhängig auf der mondnahen Erdseite etwas stärker als auf der vom Mond abgewandten und daher geringfügig weiter entfernten Seite der Erde. **Aus dem jeweils an der Erdoberfläche vorhandenen Unterschied zwischen Zentrifugalkraft und Anziehungskraft ergibt sich die für die Entstehung der Gezeiten** wirksame Kraft. **Da die Erde sich in 24 Stunden einmal um sich selbst dreht, wird ein günstig zur Erde-Mond-Linie liegender Standort zweimal von den Gezeiten erfasst.**

Wenn die Erde 24 Stunden für die Rotation um die eigene Achse braucht, wieso beträgt dann der zeitliche Abstand zwischen den Fluten nicht exakt 12 beziehungsweise 24 Stunden, sondern 24 Stunden und etwa 50 Minuten? Der Grund ist einfach: Der Mond bleibt nicht auf seiner Bahn stehen, sondern ist in den 24 Stunden, die die Erde für ihre Eigendrehung benötigt, auch ein Stück weiter vorangekommen. Der Mond braucht knapp 28 Tage, um die Erde zu umrunden. Die Erde muss also jeden Tag ein Achtundzwanzigstel dieser Strecke weiter drehen, um ihn einzuholen, wofür sie etwa 50 Minuten benötigt.

**Ein ähnliches Paar wie Erde und Mond bilden Erde und Sonne.** Auch sie kreisen um einen gemeinsamen Schwerpunkt, wobei dieser noch in der Sonne liegt. Die gezeitenwirksamen Kräfte betragen aufgrund der hohen Entfernung der Sonne jedoch nur 46 Prozent der Erde-Mond-Kräfte. Abhängig davon, wie diese drei Planeten zueinander stehen, verstärkt die Sonne die Gezeiten oder schwächt sie ab: Wenn Erde, Mond und Sonne bei Voll- beziehungsweise Neumond in einer Linie stehen, addieren sich die Kräfte beider Systeme, und es gibt einen besonders großen Tidenhub, eine sogenannte Springtide mit hohem Hochwasser und niedrigem Niedrigwasser.

Bei zunehmendem und abnehmendem Mond steht die Sonne im rechten Winkel zur Erde-Mond-Achse, und die Wirkungen der beiden Kräfte behindern sich. Die Flut läuft dann zu einer Nipptide mit geringerem Tidenhub auf. Mond und Sonne regen im südlichen Atlantik eine Welle an, die im offenen und tiefen Ozean die Wasseroberfläche um rund 50 Zentimeter aufwölbt. Sie schwappt in den Nordatlantik und tritt nordwestlich von Schottland und den Shetland-Inseln in die Nordsee ein. Sie breitet sich entlang der englischen Küste aus, erreicht die südliche Nordsee und dreht zu den West- und Ostfriesischen Inseln. Seit der Entstehung dieser Gezeitenwelle im südlichen Atlantik sind dann knapp drei Tage vergangen.

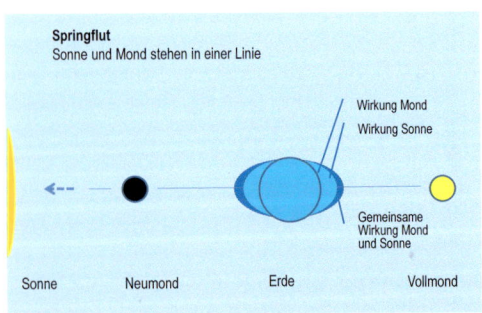

Entstehung einer Springtide: Bei Voll- und Neumond stehen Sonne und Mond in einer Linie. Dann addieren sich die gezeitenwirksamen Kräfte aus den beiden Systemen Erde-Mond und Sonne-Mond. Es kommt zu einem besonders hohen Hoch- beziehungsweise tiefen Niedrigwasser.

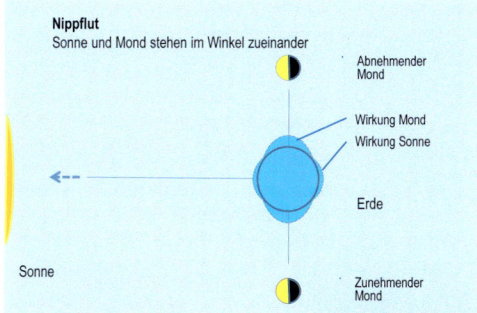

Entstehung einer Nipptide: Bei zunehmendem und abnehmendem Mond stehen Sonne und Mond von der Erde aus gesehen im rechten Winkel zueinander. Die beiden gezeitenwirksamen Systeme behindern sich dann gegenseitig, und es kommt zu einer Nipptide mit besonders geringen Gezeitenhöhen und -tiefen.

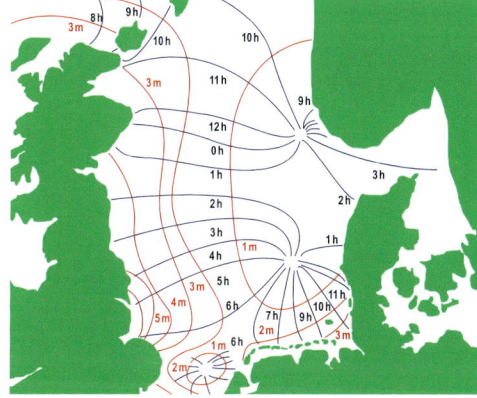

Eintreffen des Hochwassers und die maximalen Hochwasserhöhen in der Nordsee: Die roten Linien zeigen die höchsten Höhen des Hochwassers an, die schwarzen Linien den Zeitpunkt des Eintreffens des Hochwassers. Die drei Dreh- oder Knotenpunkte der drei Teilwellen in der Nordsee sind deutlich zu erkennen. An diesen Punkten gibt es keine Gezeiten.

Im Meeresbecken und an den Küsten der Nordsee wird die aus dem Ozean einlaufende Gezeitenwelle reflektiert und dadurch verstärkt und überlagert. Es entsteht eine stehende Welle, wie man sie an den Schwingungen einer gezupften Gitarrensaite beobachten kann. Dabei werden die hohen Hochwasser an den Küsten erreicht (siehe Abbildung), während an den Knotenpunkten der Welle keine wesentlichen Wasserstandsschwankungen auftreten. In der Nordsee sind drei solcher Knotenpunkte (Amphidromien) bekannt. Erst an der Küste und in den Flussmündungen entstehen mit dem Wasserberg beziehungsweise -tal der Gezeitenwelle die massiven Fließvorgänge der Gezeitenströmungen. Neben und zusätzlich zu den von Sonne und Mond ausgelösten astronomischen Gezeiten können auch Stürme enorme Wasserstandsschwankungen auslösen. Bei Büsum etwa liegt das mittlere Hochwasser bei 1,60 Meter über Normalnull (NN, dies entspricht etwa der mittleren Höhe des Meeresspiegels). Bei einer durch einen Nordweststurm ausgelösten Sturmflut stieg es im Jahr 1976 auf 5,15 Meter über NN. Auch ein extremer Oststurm im November

1916 machte die Kraft des Windes deutlich: Damals wurde zum Zeitpunkt des errechneten Hochwassers von circa 1,60 Meter über NN das niedrigste bisher gemessene Hochwasser erreicht. Es lag mit −1,86 Meter unter NN deutlich unter dem regelmäßigen mittleren Niedrigwasser von −1,60 Meter. Der Wind hatte die Gezeitenwelle einfach weggeblasen.

**Die Gezeitenwelle ist an den meisten Küstenorten der Nordsee nicht symmetrisch. Die Flut kommt schneller, und die Ebbe braucht etwas länger, als es einer symmetrischen Welle entsprechen würde. In vielen Prielen bilden sich kleine Flutwellen, die sich gegen den noch abwärtsfließenden Ebbstrom überschlagen. Oft erreicht das aufsteigende Wasser 15 oder 20 Kilometer pro Stunde oder mehr.** Wenn die Flut kurz vor dem höchsten Punkt angelangt ist, nimmt die Wasserströmung rasch ab, und für circa zwei Stunden beruhigt sich das Wasser. In dieser Zeit kann man gefahrlos baden. Wenn das Wasser wieder abläuft, werden auch mit dem Ebbstrom gefährliche Strömungen erreicht. Das Wasser bleibt dann nicht im Wattenmeer, sondern zieht raus in die offene Nordsee.

Wem diese Erklärungen alle zu weit gehen, der kann sich auch nur Folgendes merken: »Flut« nennt man das ansteigende, »Ebbe« das ablaufende Wasser, den jeweiligen Zustand des höchsten und niedrigsten Wassers »Hochwasser« und »Niedrigwasser«. Der Unterschied zwischen diesen beiden ist der sogenannte Tidenhub. Die Wasserstände zwischen zwei Niedrigwassern ergeben die Gezeitenkurve. **Jede Tide unterscheidet sich nach Dauer, Höhe und Kurvenverlauf von der vorhergehenden.** Die genauen Daten der Vorhersage findet man im Tidenkalender des BSH (Bundesamt für Seeschifffahrt und Hydrographie, vgl. S. 179, und unter www.bsh.de [Meeresdaten, Vorhersagen]).

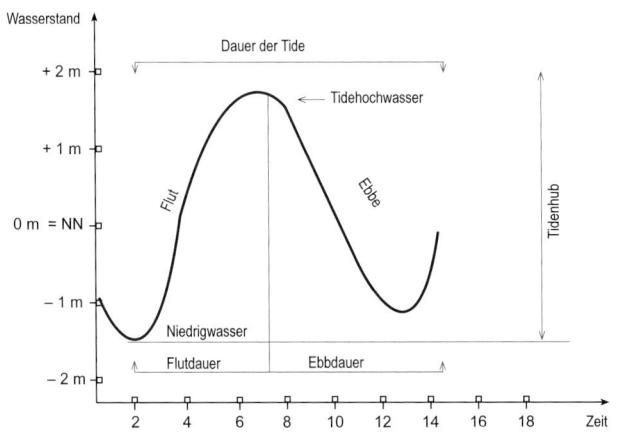

Wasserstände und Bezeichnungen während der Tide

# Sturmfluten und Küstenschutz

Wer aus dem Trubel der Großstadt an die Nordseeküste kommt, um Natur zu genießen, der muss dazulernen. An der Nordsee ist Küste nicht gleich Natur. Seit knapp 1000 Jahren wird die Küste von den Menschen beeinflusst und heute sogar bestimmt. Die natürliche Küste würde 10 bis 20 Kilometer, an manchen Orten sogar bis zu 50 Kilometer landeinwärts der heutigen Küstenlinie liegen. Nicht ohne Grund ließen die Friesen sich das Selbstlob einfallen: »Gott schuf das Meer, der Friese die Küste«. Weil dem Meer so viel Land abgerungen und die Küste so weit ans Wasser vorgeschoben wurde, muss sie mit großem Aufwand gesichert werden. Nur riesige, 8 bis 9 Meter, an einigen Orten schon 9,50 Meter hohe Deiche und zahlreiche Wasserbaumaßnahmen machen das Leben hinter den Deichen (vorläufig) sicher.

### Das eingedeichte Land fehlt der Nordsee bei Sturmfluten

Der Nordsee geht durch das eingedeichte Land einstiger Stauraum verloren, wohin das Wasser bei Sturmfluten ausweichen würde. Dies ist einer der Gründe, weshalb die Fluten höher wurden. Bodenabsenkende Landnutzung, Meeresspiegelanstieg und andere Faktoren verschärfen die Gefahren der Sturmfluten. **Im Ringen mit der Nordsee mussten die Deiche immer wieder erhöht und schlimme Katastrophen hingenommen werden: So etwa 1953 die große Hollandsturmflut (bis 5,25 Meter über NN) mit 1835 Toten oder 1962 die Hamburger Sturmflut (bis 5,70 Meter über NN) mit 340 Toten. Erst jeweils danach wurden umfangreiche Küstenschutzprogramme aufgelegt. In der Bundesrepublik beteiligte sich nach 1962 erstmals auch die Bundesregierung an den Kosten.** Wegen der inzwischen durchgeführten Schutzmaßnahmen blieben die Schäden 1976 bei der bis dahin höchsten Sturmflut (in Hamburg 6,45 Meter) begrenzt.

# Uferschutzmaßnahmen

**Deich:** Während eines Sturmes mit Wellen von durchschnittlich fünf Meter Höhe werden pro Kilometer etwa 240 Megawatt Leistung an den Strand oder Deich abgegeben – die Leistung eines kleinen Kernkraftwerkes. Ein Deich besteht aus mit Gras bewachsener Kleierde, einem tonhaltigen Feinboden. Diese Oberfläche hält zwar bei hohem Wasserstand dicht, sie wird aber von solch massiver Wellenenergie zerstört. Deshalb müssen die Deiche ein Vorland haben. Heute baut man den Kern des Deiches aus Sand und bedeckt ihn mit einem halben bis einem Meter Kleierde (Foto: Cuxhaven).

**Lahnung:** Für eine Lahnung werden meist Holzpfähle in zwei Reihen in den Boden gerammt, mit Draht untereinander verbunden und die Zwischenräume mit Steinen oder Ästen aufgefüllt. Sie verlangsamen die Strömungsgeschwindigkeit des Wassers und erleichtern die Ablagerung der feinen Bodenteilchen. Dadurch entsteht langfristig neues Vorland vor dem Deich (Foto: Eiderstedt).

**Asphaltdeich:** An besonders durch Wasserströmung und Wellenschlag belasteten Orten ist die Grasnarbe eines »normalen« Deichs zu schwach. Hier werden Teile oder der ganze Deich gepflastert, betoniert oder/und asphaltiert (Foto: Büsum).

**Sandvorspülung:** Inseln unterliegen einer ständigen Veränderung. Wenn Strömungen sich ändern und sie die Sandbarrieren vor der Küste wegwaschen, sind die Dünen selbst gefährdet. Bewährt haben sich Sandvorspülungen, die letztlich den Naturvorgang des Sandtransports umkehren. Das hält für einige Jahre, dann muss die teure und in den Meeresboden eingreifende Prozedur wiederholt werden. Überall auf den Ost- und Nordfriesischen Inseln wird diese Methode eingesetzt. Seit 1972 wurden alleine vor der Insel Sylt mehr als 40 Millionen Kubikmeter Sand vorgespült. Dieses Verfahren ist preiswerter und wirksamer als konventionelle Bauten (Foto: Hörnum [Sylt]).

**Tetrapoden:** Diese Betonsteine galten in den 1970er Jahren als die ultimative Errungenschaft des Küstenschutzes auf den Inseln, bieten sie doch eine eindrucksvolle Barriere gegen die antosenden Wellen. Aber ihr Nutzen ist beschränkt, und an vielen Stellen sind sie sogar schädlich. Orkanwellen heben auch Tetrapoden aus ihrer Verankerung und setzen sie weiter. Noch schlimmer ist, dass sie eine strömungsbedingte Auskolkung, eine Ausschwemmung des Bodens um die Tetrapoden, bewirken können. Inzwischen setzt man sie eher vorsichtig und zur Sicherung von aufgespültem Sand ein.

## Sperrwerke

Sie vermitteln die Faszination der Technik, wenn so viel Beton und Stahl im weichen Sand und Schlick stehen: Bollwerke gegen die Sturmflut, die in gezeitenabhängigen Flüssen verwendet werden. Die großen Sperrwerke an Eider und Ems sind Besucherattraktionen mit eigenen Informationsräumen. Aber Technikbegeisterung hat schon manches Mal in die Irre geführt. Skeptiker meinen, so ein gewaltiger Eingriff in den Naturhaushalt werde zu neuen Problemen führen, die dann wieder nur durch neue technische Maßnahmen behoben werden könnten. Den Schutz des Landes durch die Sperrwerke stellt allerdings niemand in Frage.

Das Eidersperrwerk

Das **Eidersperrwerk** wurde von 1967 bis 1973 gebaut. Mit über 260 Meter Bauwerkslänge war es damals eines der ganz großen in Europa. Es riegelt das vorher weit zum Meer geöffnete Eiderästuar direkt an der Küste ab. Neben dem Schutz vor Sturmfluten waren Landgewinnung und die Verbesserung des Wasserabflusses Ziele für den Bau. Dafür kann es als riesengroßes Siel gefahren werden. Das Werk greift damit stark in die natürlichen Abläufe der Flussmündung ein.

Das **Emssperrwerk** bei Gandersum nahe Emden beeinträchtigt den Wasseraustausch von Dollart und äußerem Emsästuar nicht. Es ist mit beinahe 480 Meter Länge fast doppelt so groß wie das Bauwerk an der Eider und kann das Wasser in beide Richtungen stauen: gegen das Meer und seine Sturmfluten gerichtet und gegen den Strom. Dadurch kann der Wasserspiegel in der Ems um bis zu 2,70 Meter angehoben werden. Die MEYER WERFT in Papenburg kann so ihre Kreuzfahrtschiffe mit bis zu 8,50 Meter Tiefgang durch die Ems in die Nordsee bringen – ein Schauspiel, das stets Tausende »Sehleute« anlockt.

# Strand- und Wattbesuche

Alle Theorie über die Nordseeküste bleibt grau, wenn man sich nicht aufrafft, die Schuhe an- und am Strand wieder auszieht und diese Landschaft mit ihren besonderen Lebensräumen auf Spaziergängen und Wanderungen erkundet. Am Strand kann der Wind heftig pusten und einem Sandschlieren um die Beine oder sogar ins Gesicht treiben. Ansonsten ist die Strandwanderung mindestens im Sommerhalbjahr ein harmloses Vergnügen. Wer dagegen ins Watt gehen will, sollte sich vorher mit einigen Informationen versorgen.

## Das sollten Sie bei jeder Wanderung ins Watt unbedingt beachten

- Die Uhrzeiten von **Niedrigwasser und Hochwasser** müssen Sie kennen. Sie sind meist am Strandzugang ausgehängt, bei der Touristeninformation oder im Hotel zu erfragen.
- **Die Flut ist schneller, als man denkt.** Zwei Stunden vor Hochwasser sind meist schon 90 Prozent der Wasserhöhe erreicht. Die Flutwelle kann stellenweise mit 15 bis 20 Stundenkilometern über das Watt eilen.
- Vor dem Strand oder den Buhnen gibt es oft **küstenparallele Rinnen oder Vertiefungen**. Diese laufen natürlich schneller mit Wasser voll als etwas weiter draußen liegende höhere Flächen. Das kann auch bei einem kleinen Spaziergang zu nassen Hosen oder einer Gefährdung führen.
- Vor jeder größeren Wattwanderung sollte man im Hotel/in der Pension oder beim Nachbarn **Bescheid sagen**, wo man hingeht und wie lange der Ausflug dauert.
- Bei einer längeren Wattwanderung ist das **rechtzeitige Losgehen** das Wichtigste: Man muss sich circa drei Stunden nach dem letzten Hochwasser auf den Weg machen. Dann steht noch Wasser auf dem Watt, aber man bringt Zeit mit.
- Auch im Sommer sollten Sie **Windjacke und Pullover** mitnehmen – auf dem Watt weht meist ein Wind, der am Strand nicht zu spüren ist – und **Sonnenschutz** nicht vergessen.
- Beachten Sie immer **Markierungen für die Wattwanderwege** wie Pricken (Seezeichen) aus gebündelten Zweigen und **Hinweise für die Ruhezonen des Nationalparks**.
- Bei selbstständigen Wattwanderungen sollte man immer einen **einfachen Kompass** dabeihaben und grundsätzlich mit diesem Gerät auch umgehen können. Bei plötzlich auftretendem Küstennebel oder Wetterverschlechterung weiß man so wenigstens die grobe Richtung für den Weg an Land.

# Wandern auf dem Meeresboden: Spaziergang oder Abenteuer?

Aus dem Wechselspiel von Wasser, Sand und Wind entstehen im Wattenmeer die schönsten Strukturen und Bilder. Wie ein Megakunstwerk präsentiert sich diese Gezeitenlandschaft. Das sollte einem die Schuhe ausziehen – im Ernst, denn es lohnt sich, barfuß in diese Landschaft zu gehen und die Fußmassage durch Sandrippeln zu genießen.

**Der Gehkomfort auf den Wattböden ist ganz unterschiedlich. Ein Sandboden mit gut sortierten, verschieden großen Sandkörnern kann fest sein wie ein gepflasterter Bürgersteig. Besteht der Sand nur aus gleich großen Körnern ohne Zwischengrößen, dann wird er weich.** Schlick enthält mehr kleine Bodenkörner. Die kleinsten sind Tonteilchen, die lange über dem Boden schweben, wenn man sie in einem Wasserglas aufrührt. Das ist auch ihre Eigenschaft im Watt. Wo Tonteilchen einen hohen Anteil am Schlick haben, sinkt der Wattwanderer bis an die Knie ein. Gehen ist dann nicht mehr möglich.

## Barfuß oder mit Schuhen ins Watt?

Nicht nur die zu erwartenden Bodeneigenschaften sind wichtig, um zu entscheiden, ob festes Schuhwerk angesagt ist. Im Sommer oder Frühherbst ist Barfußgehen im warmen Wasser angenehm. Aber es empfiehlt sich zu gucken, wo der Fuß aufsetzt. Gebrochene Muschelschalen haben scharfe Kanten und führen zu Schnittverletzungen. Alte Turnschuhe vermeiden solche Verletzungen, Socken helfen gegen das Scheuern der nassen Schuhe am Fuß. Es gibt aber auch Neoprenfüßlinge oder Wasserschuhe, die für eine Wattwanderung geeignet sind. Kaltes Wasser erfordert Stiefel.

Bei jeder Wattwanderung ist Vorsicht geboten. **Im Watt erscheinen ferne Ziele nah. Eine acht Kilometer entfernte Insel liegt zum Greifen vor einem.** Man sieht scheinbar endlos weit, aber Priele, Baljen (Tiefwasserbereiche)

Wattführer Egon erklärt, woran man männliche und weibliche Strandkrabben unterscheidet.

oder sehr weiche Schlickflächen sind nicht zu erkennen. Wer dann plötzlich vor dem tiefen Wasser steht, weiß nicht, ob es links- oder rechtsherum weiter zu einem Übergang geht.

Auch das Wetter ist von großer Bedeutung: **Bei strömendem Regen oder starkem Gegenwind können sechs Kilometer leicht vier Stunden statt der erwarteten zwei dauern. Im Sommer sind Küstennebel eine unheimliche Gefahr. Bei schönstem Sonnenschein läuft man los, und mitten im Watt verdichtet sich die Luftfeuchtigkeit innerhalb weniger Minuten zu einem undurchdringlichen Grau.** Die Wanderer sehen dann gerade noch 50 Meter weit. Ohne Kompass, Karte oder kundigen Führer laufen sie im Kreis. Nach ein bis drei Stunden ist der Nebel zwar weg, aber die Flut bald da. Wattquerungen und weite Wanderungen sollte man daher immer mit einem Führer machen. In der Gruppe zu laufen macht außerdem Spaß. An stark benutzten Wattstrecken werden zur Orientierung ab dem Frühjahr Wattwegpricken aufgestellt, Reisigbüschel, die den Weg markieren. Rettungsbaken gibt es auf dem Weg von Sahlenburg nach Neuwerk.

### Lohnenswerte Wandermühen

Wer sich von einem Ausflug im Schlickwatt auf den Heimweg macht, dem kann es passieren, dass er nahe der Küste ein leises Rauschen hört, das immer lauter und heftiger wird, je näher der Wanderer dem Ufer kommt. Gebirgsbachrauschen im Watt? Sollte das vielleicht mit den zahlreichen Baumaschinen und Bauarbeiten am Deich weiter entfernt zu tun haben? Nein, das Wattrauschen hat einen anderen Grund: **Hier im Schlicksand leben Milliarden kleiner Schlickkrebse, Herzmuscheln und anderer Kleintiere. Wenn das Wasser schon länger abgelaufen ist, sackt es unter die Schlickoberfläche. Die kleinen Schlickbewohner haben dann Mühe mit dem Oberflächenhäutchen des Wassers in ihren Wohnröhren, mit dem Schnorcheln oder bei der Bewegung ihrer Antennen: Die Wasseroberfläche gerät zwischen die kleinen Gliedmaßen und zerplatzt geräuschvoll.** So wird aus den vielen einzelnen zarten »Plicks« ein kräftiges, an einen Gebirgsbach erinnerndes Rauschen.

# Das Watt lebt!

Es gibt Menschen, die das Watt als »ödeste Landschaft Deutschlands« bezeichnen. Das kann tatsächlich der erste Eindruck sein, wenn man auf dieser schier endlosen freien Fläche steht. Aber jeder hat Augen, um sie aufzumachen, und Knie, um in die Hocke zu gehen und sich diesen scheinbar leblosen Boden aus der Nähe anzusehen: Er kann dann die zahlreichen Akteure erahnen, die diese »ödeste Landschaft« zu einer Bühne des Lebens unter äußerst extremen Bedingungen machen. Das Foto des Schlickwatts im Osten Sylts lässt erahnen, dass hier einiges Tierleben zu finden ist.

Zweifler stolpern über die kleinen Häufchen aus Sandwürstchen. Da lebt der Wattwurm, der dem Watt seinen Stempel aufdrückt. Wer sich den Moment nimmt und durch den Wasserfilm schaut, der eine Weile nach dem abgelaufenen Wasser stehen bleibt, vor dem tut sich eine »Kulturlandschaft am Meeresboden« auf. Eine Furche neben der anderen durchzieht die weiche Bodenoberfläche, und die »Furchenzieher« sind gut auszumachen: kleine Wattschnecken. Daneben gibt es Minihaufen fast schwarzer, an verkleinerten Mäusekot erinnernder Kotpillen, kleine Löcher mit sternförmigen Spuren, verschiedene größere Löcher, zu denen verzweigte Spuren führen, Löcher ohne jede Spur und natürlich die großen Trichter der Wattwürmer.

### Mittlere Häufigkeit der Watttiere pro Quadratmeter

| | |
|---|---:|
| Herzmuscheln | 1000–5000 |
| Kotpillenwürmer | bis 5000 |
| Schlickkrebs | 1000–5000 |
| Wattschnecken | 5000–10 000 |
| Wattwürmer | 5–50 |

Einen Hinweis auf mögliche Tierzahlen gibt die Tabelle. Die genannten Werte geben eine mittlere Häufigkeit an, die Höchstwerte sind mit einem Mehrfachen anzusetzen. Statt »öde« ist diese Meereslandschaft so belebt wie kaum eine andere Landfläche. Aber bitte beachten: Keine Wattfläche gleicht mit ihren Bewohnern der anderen.

Wer mehr von dem Leben im Watt mitbekommen will, sollte einen kleinen durchsichtigen Plastikbecher oder eine abgeschnittene PET-Flasche mitnehmen. Damit kann man leicht etwas Wasser schöpfen und unterwegs mal eine Muschel, eine Schnecke oder einen Krebs hineinsetzen. Schnell löst sich das Tier aus seiner

Wattwurm-Haufen und Zwergseegras

Wattenmeer nahe dem Sylter Ufer

Schutzhaltung und versucht, sich zu vergraben. Wenn Sie genug gesehen haben, seien Sie Lebensretter und setzen Sie das Tier wieder zurück.

Die Dichte der Tiere auf dem Wattboden ändert sich ständig durch neue Jungtiere, Wegfraß durch Raubtiere, Abwanderung und den Platzanspruch älterer Tiere.

## Was sind die extremen Bedingungen, die diese Wattbewohner zu ertragen haben?

**Katastrophen**, die ungeschützt sicher zum Tod führen, sind unter anderem:

- **Trockenheit:** Alle sechs bis zehn Stunden ist das Wasser weg. Das kann nur durch Vergraben im Boden, Verschließen von Röhren, sicheres Zudrücken von Schalen und ähnliche Maßnahmen überlebt werden.
- **Süßwasser** tötet jedes Meerestier. Kommt es beispielsweise zu einem Sturzregen bei Niedrigwasser, süßt das Wasser aus. Dann müssen die gleichen Mechanismen wie bei Trockenheit funktionieren, nur besser.
- **Wärme:** Wer sich bei Sommersonne nicht tief in den Boden vergraben kann, muss die Wärme wie Miesmuscheln oder Seepocken mit Hilfe seines Gehäuses und seines Stoffwechsels ertragen können.
- **Sauerstoffmangel:** Menschen sterben ohne Sauerstoff innerhalb von ein bis zwei Minuten. Das ist bei den meisten – auch kleinen – Tieren nicht anders. Daher hat jede Art, die im Wattboden lebt, eine spezielle, manche Arten sogar mehrere Fähigkeiten und Strategien gegen den Sauerstoffmangel. Am gefährlichsten ist im tieferen Boden das von Bakterien produzierte tödliche Gas Schwefelwasserstoff. Es stinkt nach faulen Eiern und wird manchmal auch im menschlichen Darm produziert.

## Spuren im Watt

**Sandrippeln:** Eindrucksvoll sind Spuren oder Marken, die durch das Aufeinandertreffen von Wasser und Sand entstehen. Wenn sich zwei Medien unterschiedlicher Konsistenz und Geschwindigkeit aneinander reiben, erzeugen Wind und Wolken, Sand und Wind, aber eben auch Sand und Wasser solche Marken. Fließt das Wasser stets in einer Richtung, bilden sich Strömungsrippeln mit flacher Luv- und steiler Leeseite. Wechselt das Wasser seine Fließrichtung, bauen sich Gezeitenrippeln mit kurzen Wällen und unklarer Fließrichtung auf.

**Schwarze Flecken:** Sie zeigen eine hohe Sauerstoffzehrung durch Bakterien im Wattboden an. Mögliche Ursachen sind unter anderem eine zu geringe Verfügbarkeit von Sauerstoff, zu viel Nahrung für Bakterien (auch durch im Boden abgelagerte tote Algen) oder zu wenig bodendurcharbeitende Tiere. In kleiner Ausdehnung sind die Flecken nicht bedrohlich. Es gab aber Jahre mit hohen Sommertemperaturen und wenig Wind, in denen große Wattflächen schwarz wurden. Die Bodentiere starben großflächig ab.

**Feinstruktur der Bodenoberfläche:** Bei genauerem Hinsehen löst sich die Schlicksandoberfläche in eine Vielzahl feiner Kleinstrukturen auf. Für das Foto wurde eine Fläche von etwa drei mal vier Zentimeter aufgenommen. Man erkennt große und kleine Kotpillen. Außer den Sandkörnern gibt es keine nicht bearbeiteten Bodenbestandteile. Etwa sieben Wattschnecken haben sich hier vergraben.

**Sternspur:** Sie stammt vom vielborstigen Seeringelwurm *Hediste diversicolor*, der räuberisch im Schlick und Schlicksandwatt lebt. Kurz bevor das Wasser ganz wegläuft, kommen die Würmer aus ihren Röhren im Boden und schieben sich an der Wattoberfläche entlang, um Beute zu finden. Schnell sind sie wieder in einer Röhre verschwunden oder graben sich eine neue. Viele bleiben in der Nähe ihrer Hauptröhre und suchen von dort aus sternförmig die Oberfläche ab (vgl. S. 113).

**Schwarze Minikotpillen:** Sie stammen vom Kotpillenwurm *Heteromastus filiformis*. Diese Würmer leben besonders im Schlickwatt in teilweise großer Zahl. Man sieht die dünnen roten Würmer nur, wenn man den Boden aufgräbt (vgl. S. 114). Sie fressen sich fleißig durch den tieferen und oft schwarzen und sauerstoffarmen Schlick. Immer wieder entleeren sie ihren Darm mit den grauschwarzen Kotpillen an der hellen Wattoberfläche.

**Grabspuren:** Wer hat sich hier wohl eingegraben? Um es herauszufinden, muss man beherzt zugreifen. In diesem Fall ist es eine sieben Zentimeter große Strandkrabbe. Fast alle Tiere, die im Watt leben, graben sich ein, wenn das Wasser weggeht. So sind sie vor Sonneneinstrahlung, Regen und gefräßigen Möwen geschützt.

Die **Gewöhnliche Strandschnecke** (im Foto mit bewachsenem Haus) hinterlässt eine breite Spur auf ihrem Weg durch das noch nasse Schlickwatt.

Vom **Austernfischer** bleiben kräftige Trittsiegel im Schlick.

Die Spuren der **Großmöwe** sind gut an den Schwimmhäuten zwischen den Zehen und den relativ kurzen Füßen erkennbar.

**Salzkäfer** haben hier die Sandoberfläche abgeweidet. Sie fressen dabei die Kleinalgen an den Sandkörnern.

**Wattschnecken** schieben sich notfalls auch in mehreren Stockwerken durchs Schlickwatt, um die Bodenalgen zu fressen.

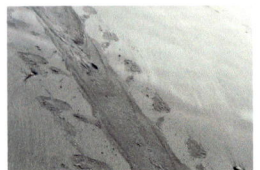

**Kegelrobbe:** Nach den Kleinsten (Wattschnecken) hier die Größten mit einer Spur vom Meer hinauf auf den Strand. Arme, Beine, Körper und Schwanz haben einen Abdruck auf dem Sand hinterlassen.

# Funde am Strand

Strandwandern gehört zu den entspannendsten und schönsten Tätigkeiten, denen man im Nordsee-Urlaub nachgehen kann. Der Schlag der Wellen gibt den Rhythmus der Natur vor. Sie kommen stetig, doch gleicht keine der anderen. Der Blick schweift über das Wasser: Bewegung überall auf einer Fläche, die endlos erscheint.

Nicht nur alles, was leichter ist als Wasser und oben schwimmt, sondern auch Dinge, die wie Sand und Kies schwerer sind, landen aus dem Meer kommend am Strand. **Vor dem Strand arbeiten die anlaufenden Wellen ihre Energie am Meeresboden ab. Sie werden am Boden gebremst, und die Kämme stürzen ab. Dabei werden Sand und Kies transportiert, noch mehr aber Muschelschalen, an denen die Strömung besser angreifen kann, und natürlich alles, was im Wasser schwebt. Diese Dinge werden dann auf den Strand geworfen,** wo der Wind sie weitersortiert, sobald sie trocken sind.

Wellen, die über längere Zeit in gleichbleibender Höhe gegen den Strand anlaufen, verändern seine Form. Der Schwall der Wellen schiebt das Material möglichst hoch, der Sog des ablaufenden Wassers ist im Verhältnis dazu zu schwach, um alles wieder mitzunehmen. Also bleibt einiges liegen. Das kann sich Welle um Welle monatelang und von Jahr zu Jahr wiederholen, bis der Strandwall Gestalt annimmt – wenn die Winterfluten ihn nicht wegräumen.

Man braucht gar keine Wattwanderung, es reicht, den Strand bei Flut oder starkem Wind abzugehen, um zu finden, was das Meer angeliefert hat.

Berge von Großalgen hat der Sturm hier am Helgoländer Strand abgelegt.

Es liegt alles da: Muscheln, Schnecken, Algen, tote Meerestiere – kurz: alles, was zu schwach ist, sich gegen die Strömung zu wehren. **Das meiste stammt aus dem nächstliegenden Meeresabschnitt, anderes wurde mit der Meeresströmung von weit her herangebracht.** Der Spaziergänger bekommt ohne große Mühe einen Querschnitt durch die Arten der Meeresfauna und -flora und – die Steine dazu genommen – auch noch wichtige Informationen zur Geologie. Außerdem gibt der Strand eine Zufallsprobe von dem, was die Meeresströmung draußen in der See transportiert.

### Kunststoff und dauerhafte Müllreste: Gefahr für Tiere, Menschen und Umwelt

An der Nordsee sind die Zeiten vorbei, in denen es als Kavaliersdelikt galt, Müll einfach vom Schiff oder vom Ufer ins Meer zu werfen. Dennoch ist Müll allgegenwärtig. Es sollte für jeden Strandurlauber klar sein, dass er **alles, was er zum Stand mitnimmt, auch komplett wieder zurück ins Hotel bringt** und dort entsorgt. Kunststoffmüll ist hochgradig gefährlich. Zahlreiche Tiere fressen ihn oder verheddern sich darin. Selbst wenn die Wellen ihn auf Millimetergröße geschreddert oder pulverisiert haben, richtet er weiterhin unermesslichen Schaden in der Umwelt an. Er wird in der Nahrungskette angereichert und vergiftet die Tiere.

Kunststoffreste vom Sandstrand der Insel Scharhörn

**See-/Meerball:** Ein Meerball ist ein Gebilde, das von den Wellen rund gerollt wurde. Es besteht aus Pflanzenresten, Algen-Thallusrippen und verschiedensten fadenartigen Materialien und Röhren, die unter anderem von Nesseltieren stammen.

**Großalgenstängel mit Haftscheibe:** Großalgenstängel sind Überreste einer großen Braunalge wie Zuckertang, Fingertang oder Palmentang. Wenn die Algen absterben oder den Halt auf ihrem Grund verlieren, zersetzen sich die blattartigen Flächen, während die Stängel erhalten bleiben.

**Holz:** Es kann im Meer lange Wege zurücklegen, da es sich mit Salzwasser vollsaugt und dann nicht mehr von Bakterien oder Pilzen zersetzt wird. Wenn die Wellen ein Holzstück lange genug über den Sand gerollt haben, ist es so schön bearbeitet, dass manche es zunächst für einen angeschliffenen Stein halten.

**Reisig:** Für Wattwanderer sind sie leicht wiederzuerkennen, diese kleinen Aststücke, an denen oft sogar noch Teile der Borke zu sehen sind. Sie stammen von Wattwegmarkierungen im Watt. Im Herbst sind sie wie hier im Foto von Seepocken besiedelt.

**Verdickte Algenabschnitte:** Sie können mit Gas gefüllte Auftriebskörper (im Foto rechts) oder Fortpflanzungsorgane, also Fruchtkörper mit Geschlechtszellen sein (im Foto links).

**Fischwirbel:** Sie sind einfach zu erkennen. Fischwirbel sind stets leicht und haben einen Wirbelkörper wie ein Diabolo, von dem ein langer spitzer Fortsatz nach oben (im Foto rechts) ragt.

**Röhren aus Sandkörnern:** Sie stammen vom kleinen vielborstigen Ringelwurm Pygospio, daneben verschiedene jung gestorbene kleine Strandkrabben.

**Kein Naturgegenstand:** Das Foto zeigt ein vielfach strukturiertes wachsähnliches Material, das aus irgendeinem Chemiebetrieb der Welt stammt und vermutlich beim Ablassen des Spülwassers aus einem Schiffstank in die Nordsee entstand.

**Strandkrabbe:** Die Tiere werden wie hier oft von Möwen getötet und aufgebrochen. Die Möwe verzehrt dann die vom Panzer geschützten Innereien des Krebskörpers, zurück bleiben nur Reste.

**Seestern:** Wenn der Seestern gestorben ist, zersetzen Bakterien schnell seine Weichteile. Dann wird das komplizierte Skelett aus kleinen Kalkplatten sichtbar.

**Schaum am Strand:** Er wird durch das gehäufte Vorkommen der mikroskopisch kleinen Kalkalge *Phaeocystis globosa* verursacht, die durch die vom Festland eingeschwemmten Nährstoffe gut gedüngt wird. Bei warmem Wasser, Sonnenlicht und sanftem Meer verdoppeln sich die Zellen zweimal am Tag. Sterben diese am Ende der Algenblüte oder durch heftigen Wellenschlag ab, kommt es zur Schaumbildung.

**Speiballen:** Speiballen stammen von Vögeln. Sie werden zur Entlastung des Magens herausgewürgt und enthalten die unverdaulichen Reste der Vogelmahlzeit. Erkennbar sind beispielsweise Teile vom Panzer, den Beinen oder Scheren der Strandkrabbe.

**Vogelfedern:** Die Federn haben verschiedene Aufgaben am Vogelkörper: Schutz, Temperaturregulation, Fliegen, Signalfunktion. Ein spezielles Federbestimmungsbuch hilft, die Ursprungsart herauszufinden. Hier sind es die Handschwinge eines Austernfischers (Foto links), die Steuer-/Schwanzfeder eines Dunklen Wasserläufers (Foto Mitte) und die Steuer-/Schwanzfeder einer Lachmöwe (Foto rechts).

Rotes Kliff bei Kampen (Sylt)

## Strandsteine: Ein Fenster in die Erdgeschichte

Wieso finden wir am Nordseestrand so viele Steine und diese meist aus den Weiten Skandinaviens? Die einzige plausible Erklärung liefert die Eiszeittheorie: Riesige Gletscher aus den Gebirgen Norwegens schoben sich unter Aufnahme von Boden und Felsen bis hierher. Nordsee und Wellen haben die Steine dann aus dem Geschiebelehm gewaschen, den die Gletscher hinterließen. Eindrucksvoll lässt sich dieser Vorgang am Roten Kliff bei Kampen auf Sylt beobachten, wo die bis zu 20 Meter dicke

Manche Steine sind auch deshalb interessant, weil an ihnen Spuren einer vergangenen Umwelt abzulesen sind. So hat dieser Windkanter im Vorland einer Gletscherzunge der letzten Vereisung gelegen und wurde über lange Zeit von sandhaltigen Winden angeblasen und zu einem kantigen Stein geschliffen.

Blick von der grünen Kante des Helgoländer Hochlandes auf den Strand

Gletscherablagerung als rötliche, mit Steinen durchsetzte Lehmschicht oben in der Wand steht. Allerdings wird diese jetzt mit aufgespültem Sand geschützt, der die untere und ältere Basis der Steilwand aus Limonit und Kaolinsand verdeckt.

Das Sammeln der Steine öffnet das Fenster zur Erdgeschichte und zu ihren geologischen Vorgängen in der großen nordeuropäischen Region. **Die Verschiedenheit der großen und kleinen Kristalle in allen Farben und Formen ermöglicht einen Blick in den »Hochofen« tiefer Erdschichten und Vulkane.** Sedimentsteine zeigen einen zeitlich und räumlich begrenzten Ausschnitt aus einem Erdzeitalter. Manche schließen Fossilien ein, die man mit Glück findet.

Steine werden von Strandwanderern nach ganz verschiedenen Gesichtspunkten sortiert und gesammelt. Selten wegen einer emotionalen Aussage wie hier oben im Bild (Helgoland). Viele nennen Farbe oder Form als Ziel ihrer Strandsteinsammlung. Immer sind die Steine ein ästhetisch ansprechendes und authentisches Mitbringsel. Steine haben aber noch sehr viel mehr »Qualitäten«, die man in kleinen Schritten sichtbar machen kann. Dazu muss man sie zunächst nach ihrer ganz grundsätzlichen Entstehungsgeschichte ordnen. Dabei helfen die nächsten Seiten. Für tiefer gehende Informationen empfiehlt es sich, in einen speziellen Steinführer zu schauen (vgl. S. 179).

## Steinesuchen an der Nordseeküste

An vielen Strandabschnitten gelingt das Steinesammeln. Man kann hier zwar auch einmal länger über einen reinen Sandstrand wandern, aber ein Kontakt der Landschaft mit dem eiszeitlichen Untergrund, der dann Steine liefert, ist selten weit. **Vorzugsplätze sind in der Nähe aktiver oder inaktiver Kliffe.**

Steiniger Strand vor Sylt

Das Morsum-Kliff auf Sylt etwa zeigt bis zu zehn Millionen Jahre alte Sedimentschichten, darf jedoch nicht betreten oder »besammelt« werden. Das einige Kilometer lange Rote Kliff bei Kampen gilt vielen als das eindrucksvollste. Steinschätze bietet auch die Amrumer Odde. Mit etwas Glück findet man sogar ein Fossil. Viele Steine findet man auch im Watt vor dem inaktiven Kliff des Cuxhavener Erholungsorts Sahlenburg und an den ostfriesischen Stränden und Inseln. Ein ganz eigenes Steinrevier sind die Düne und die Felsen Helgolands.

## Tiefengesteine (Plutonite)

Granite gehören zu den Steinen, die man gut erkennen und unterscheiden kann. Sie bestehen aus einem nicht sortierten Gemisch der kleinen oder großen Kristalle von Feldspat (Silikat, meistens weiß oder rosa), Quarz (z. B. Bergkristall, weiß oder eventuell durchsichtig) und Glimmer (z. B. Biotit, geschichtet, schwarz beziehungsweise dunkel). Man unterscheidet zahlreiche verschiedene Granite nach Anordnung und Qualität der Kristalle. **Sie kommen bei uns aus verschiedenen skandinavischen Gebirgen. Meist sind sie einige hundert bis 2000 Millionen Jahre alt. Granit entsteht, wenn mehr als zwei Kilometer tief unter der Erdoberfläche in vulkanischen Kammern flüssiges Magma bei rund 1000 Grad langsam auskristallisiert.** Das dauert viele Millionen Jahre. Weitere Millionen Jahre vergehen, bis das Gestein an die Erdoberfläche gehoben wird.

Ein **Gneis-Granit** entsteht, wenn der erkaltete und auskristallisierte Granit wieder in der Erdkruste nach unten befördert wird. Dann beginnen seine Kristalle, sich lagenweise zu sortieren (Foto), bevor er erneut erkaltet.

## Metamorphe Gesteine

Ein **Gneis** ist ein metamorphes Gestein. Wenn Gesteine von der Oberfläche wieder tiefer in die Erdkruste geraten und hohen Drücken und Temperaturen ausgesetzt werden, unterliegen sie einer Umwandlung. Diese lässt den Gneis entstehen. Passiert eine solche Metamorphose mit einem Granit, wird er zum Orthogneis (im Foto unten), viele Sedimentgesteine zum Paragneis (im Foto oben). Gneise zeigen oft eine Bänderung, weil sich die Mineralien unter dem hohen Druck und der Temperatur im halbflüssigen Gestein neu anordnen.

## Ergussgesteine (Vulkanite)

Der **Basalt** ist das bekannteste Ergussgestein. Man fasst viele Varianten unter diesem Namen zusammen. Sie fallen durch die intensiv schwarze oder dunkelgraue Farbe der Grundmasse auf. **Basalte – wie auch Diabas und Porphyr – entstehen, wenn flüssiges Magma die Erdoberfläche erreicht (etwa bei einem Vulkanausbruch) und dort sehr schnell abkühlt. Die Grundmasse besteht aus sehr feinen Kristallen und erscheint daher fast homogen. Allerdings gibt es oft Einschlüsse von bereits beim Aufstieg des Magmas entstandenen Kristallen oder mitgerissenen Fremdkörpern.** Basalte sind mengenmäßig das vermutlich häufigste Gestein auf der Erdoberfläche, aber als Strandstein nicht ganz so oft zu finden. Herkunft und Alter entsprechen meist vielen Graniten.

**Porphyr** zeichnet sich durch eine meist rote bis dunkelbräunliche Grundmasse aus, in der große, oft helle Einzelkristalle eingeschlossen sind. Heute bezeichnet man mit diesem Begriff vulkanische Gesteine, deren Grundmasse wie beim Basalt so fein ist, dass man mit bloßem Auge keine Kleinkristalle erkennt. Solche Steine sind entstanden, indem das Magma erst sehr langsam abkühlte und Großkristalle wachsen konnten, es dann aber doch zu einer Eruption mit rascher Aushärtung der noch flüssigen Anteile kam. Sind neben den charakteristischen eckigen Feldspat-Kristallen auch Quarze im Porphyr vorhanden, handelt es sich um einen Quarzporphyr (»Rhyolith«). Rhombenförmige Feldspat-Einschlüsse (im Foto links oben) verraten die Herkunft des Steins aus der Nähe von Oslo (Norwegen). Dort brachen zahlreiche Vulkane vor fast 300 Millionen Jahren aus. Viele Porphyre haben ein ähnliches Alter wie die Granite und Basalte.

# Sedimentgesteine

Ein **Sandstein** entsteht wie Kalkstein, Schiefer und andere Sedimentgesteine unter den Umwelteinflüssen der Biosphäre. Bereits vorhandene Gebirge werden dabei abgetragen und das Material anderswo wieder abgelagert. Der Sandstein besteht aus fest miteinander verklebten Sandkörnern, die erhalten bleiben. Körner mit einer Größe von 0,06 bis 2,0 Millimeter sind per Definition Sand. Größere (Kies-)Körner bilden ein Sandstein-Konglomerat beziehungsweise eine Brekzie. Sand besteht zum größten Teil aus Quarzkörnern, die mit Körnern anderer Mineralien oder Kalk vermischt sind.

**Sandstein entsteht, wenn Sandablagerungen (wie im Wattenmeer) später durch weitere Sedimente überschichtet werden. Dann wirken erhöhter Druck und Temperatur auf sie ein. Die abgelagerten Schichten sind in den meisten Sandsteinen noch gut zu erkennen.** Auch diese Steine kommen in der Regel als eiszeitliche Geschiebe aus Skandinavien. In Helgoland liegen auch viele Steine der roten Felsen an den Stränden (Foto Mitte und oben rechts).

**Quarzit hätte eigentlich bereits bei den metamorphen Gesteinen genannt werden müssen, hier zeigen diese Steine jedoch, was aus Sandkörnern werden kann.** Quarzit bildet sich durch Gesteinsumwandlung von Sandstein, der in viele hundert Meter Tiefe verlagert wird und mehreren hundert Grad Temperatur ausgesetzt ist. Umwandlung bedeutet, dass die einzelnen Sandkörner zu großen Kristallen zusammenwachsen. Quarzite im Wattenmeer sind meist hell und weiß bis gelbbräunlich, es gibt aber auch rosafarbene Steine. Sie stammen aus den eiszeitlichen Geschieben und damit aus skandinavischen Gebirgen.

Auch **Kalkstein** ist ein Sedimentgestein. Er geht oft auf die Körperskelette von Meereslebewesen zurück, die mikroskopisch klein (wie einzellige Kalkalgen) oder größer (wie etwa Korallen) waren und Riffe bildeten. **In Millionen Jahren hinterließen sie viele hundert Meter dicke Schichten auf dem Meeresboden. Diese wandelten sich unter dem Druck der später darüberliegenden Sedimente in Kalkstein. Das Gestein besteht aus Kalziumkarbonat und kann weiß (Kreide), gelblich oder grau sein.** Weicherer Kalk wird gerne von Borstenwürmern oder Bohrmuscheln besiedelt. Seine wirtschaftliche Bedeutung übertrifft andere Steine (Bauindustrie, Erdöllagerstätten). Strandfunde an der Nordseeküste kommen aus Skandinavien oder ganz aus der Nähe. Die Gletscher haben auch in der nahen Ostsee, an der Niederelbe und in Helgoland Kreide freigeschoben. Man kann übrigens mit Essig- oder besser Salzsäure ganz einfach prüfen, ob der vorliegende Stein aus Kalk besteht, da diese ihn auflöst.

**Feuerstein** (auch Flintstein) ist der Stein, den unsere Vorfahren in der Steinzeit als »Feuerzeug« zum Funkenschlagen verwendeten. Später hatte er die gleiche Aufgabe für die Zündung in Gewehren (Flinten). Auch Pfeilspitzen, Klingen und Werkzeuge wurden früher daraus hergestellt, weshalb der Stein ein wertvolles Handelsgut war. Gletscher legten die Feuersteine aus der Kreide frei und/oder brachten sie auch aus dem Ostseegebiet zu uns. **Entstanden sind sie, während sich aus den Meeresablagerungen die Kreide formte: Im Boden wurde Kieselsäure freigesetzt, die sich in Hohlräumen anreicherte und Karbonate verdrängte. Die Flintsteinlager in der Schreibkreide sind knollen- oder kissenartig.** Man findet am Strand meist Bruchstücke, selten kleine Knollen. Oft ist noch ein weißer Rand vorhanden: Das ist neben Kreide Opal aus der Vorstufe zur Feuersteinentstehung. Der Stein selbst besteht aus unsichtbar kleinen amorphen Mikrokristallen. Er zerspringt wie Glas. Die verschiedenen Farbtöne werden durch geringe Mengen weiterer Mineralien hervorgerufen.

# Fossilien

Mit die bekanntesten Fossilien sind **Donnerkeile (Belemniten)**. Auf diese kleinen, runden und oft noch mit der kegelförmigen Spitze ausgestatteten Steine konnte man sich lange keinen Reim machen. Unsere Vorfahren glaubten, der germanische Donnergott Thor habe Blitze geschleudert und die Donnerkeile seien deren versteinerte Spitzen. **Erst im 19. Jahrhundert fand man heraus, dass es sich um einen Teil (das Rostrum, die Spitze) des kalkigen Innenskeletts von urzeitlichen Kopffüßlern (Tintenfischen) handelt. Das waren zehnarmige Tiere, die in Schwärmen durch die Meere der Kreidezeit schwammen und den heute noch lebenden Kalmaren ähnelten.** Bei den lebenden Tieren waren diese Rostren hohl und dienten der Regulation des Auftriebs. Erst lange nach ihrem Tod und tief im Boden des Meeres füllte Kieselsäure diese Hohlräume und machte daraus festen Feuerstein. Feuersteine sind rund 70 Millionen Jahre alt.

Auch fossile **Seeigel** können am Strand entdeckt werden. Zum Erkennen eines Seeigels zwischen den Strandsteinen muss man seinen Blick üben. Denn vollständig erhaltene Exemplare wie hier im Foto, die leichter zu erkennen sind, findet man nur selten. Die rundliche, unten abgeflachte Form und die zur Mitte laufenden punktierten Doppelreihen (Öffnungen des Skeletts für die Füßchen des Seeigels) sollten einen auf den besonderen Fund aufmerksam machen. Auch diese Seeigel stammen aus dem Meer der Kreidezeit, und ihr Kalkskelett erhielt bei der Umwandlung des Meeresbodens in Kreidegestein eine Kieselsäurefüllung, die als Feuerstein erhalten geblieben ist. Manchmal sind sogar die Reste der Platten des ursprünglichen Kalkskeletts noch vorhanden, so wie hier im Bild. Das vollständig erhaltene Skelett eines Tieres, das heute gelebt hat, kann man auf Seite 139 sehen.

**Vergangene Umwelt:** In den Buntsandsteinfelsen Helgolands gibt es nur wenig Fossilien. Gründe dafür darf man in der damaligen wüstenähnlichen Landschaft und schlechten Erhaltungsbedingungen vermuten. Immer wieder überraschen jedoch Wellenrippeln, die auf ehemals fließendes Wasser oder Seeufer hinweisen. Auch mit Sand verfüllte Trockenrisse im Ton treten häufig auf. Es sind Zeugnisse einer steingewordenen vergangenen Umwelt. Im Gegensatz zum Buntsandstein (rund 250 Millionen Jahre alt) sind die verschiedenen kreidezeitlichen Untergründe im Meer vor der Düne (rund 70 bis 140 Millionen Jahre alt) teils sehr reich an Fossilien.

**Bernstein** (Foto linke Seite: verschiedene Varianten) ist kein Mineral, kein Stein im eigentlichen Sinn, sondern das steinähnlich verhärtete Harz von Bäumen. Bernsteine wurden in verschiedenen Erdzeitaltern und von verschiedenen Bäumen hervorgebracht. An der Nordsee findet man den Baltischen Bernstein mit dem wissenschaftlichen Namen Succinit. Ob eine Kiefer, Lärche, Schirmtanne oder andere Bäume das Harz einst lieferte, ist ungeklärt. **Der sogenannte Bernsteinwald stand vor circa 40 bis 50 Millionen Jahren in einem Gebiet zwischen Finnland und Schweden, das heute in der Ostsee liegt.** Später wurde Bernstein in großen Mengen in das Gebiet des heutigen Jantarny (nahe Kaliningrad) verlagert. Die Gletscher der Eiszeiten haben alle Spuren des Waldes beseitigt, **mit Eis und Schmelzwassern transportierten sie Bernsteine von ihren Lagerstätten bis an die Nordseeküste.** Bei Stürmen werden diese heute ausgewaschen; verschieden gefärbt oder mit Verwitterungskruste landen sie im kalten schweren Winterwasser neben Algen und Holz oben auf dem Strand. Bernsteine sind leichter und weicher als gelblicher Quarzit oder Feuerstein und brennen mit aromatischem Duft.

# Die Großen: Beeindruckende Tiere

Die großen Tiere sprechen jeden Besucher der Nordseeküste besonders an: die mächtigen Kegelrobben, die zierlicheren Seehunde und die oft verborgenen Schweinswale.
Zahlreiche Vogelarten stehen ihnen wenig nach. **Mal sind es wenige auf der riesigen, scheinbar leeren Fläche des Wattenmeeres, mal sind es Gruppen oder dichte Schwärme von Tausenden Tieren.** Hierher kommen Millionen arktischer Vögel. Sie fliegen im Herbst vom Wattenmeer in ihre südlichen Winterquartiere und im Frühjahr zurück in die arktischen Brutgebiete. Mehrere Dutzend Arten verbringen ihr ganzes Leben am Wattenmeer und ziehen hier auch ihre Nachkommen groß. Nur harter Frost vertreibt sie im Winter an eisfreie südlichere Küsten.
Während der Wattwanderung auf einen Fisch zu treffen ist hingegen ein Glücksfall. Beim Queren eines Priels, an einem ausgewaschenen Pfahl oder Stein kann das schon einmal passieren – besonders ab dem Sommer, wenn die Jungfische bis ins oberste Watt steigen. Sonst begegnet man ihnen nur in den Wattenmeer-Häusern und Aquarien.

### Große Tiere – großer Abstand
Alle diese Tiere wollen nur aus einem großen Abstand betrachtet werden. Oft setzt ihre Flucht schon bei 400 bis 500 Meter Entfernung ein, und das sollte niemand wollen. Sie wurden größtenteils bis in die jüngere Zeit gejagt und reagieren auf das Zusammentreffen mit dem Menschen empfindlich. Außerdem sind einige von ihnen, wie beispielsweise die Robben, Raubtiere, zu denen man aus Gründen des Selbstschutzes besser einen gehörigen Abstand einhält. Es gibt nur einige wenige geschützte Zonen auf einzelnen Inseln und Halligen, wo Tiere sich so sicher fühlen, dass sie Menschen näher an sich heranlassen. Die Helgoländer Düne links im Bild ist ein solches Beispiel und damit die ganz große Ausnahme für Kegelrobben und Seehunde.

# Robben und Wale

**Seehund** *Phoca vitulina*

**Aussehen:** grau bis bräunlich, oft viele kleine dunkle Flecken, Vorder- und Hinterbeine sind zu Schwimmgliedmaßen umgewandelt; Oberschädel-Stirn-Schnauzen-Linie leicht eingedellt; Körper mit dicker Unterhautfettschicht als Kälteschutz, Nahrungsreserve und als Anpassung an schnelle Bewegung im Wasser • **Größe:** bis 1,90 m (m) und 1,70 m (w) lang • **Gewicht:** bis 150 kg (m) und 100 kg (w) • **Alter:** bis 30 Jahre

Seehunde sind Säugetiere, die auf das Leben im Wasser und die Jagd nach Fischen ausgerichtet sind. Ihre Lunge zwingt sie nach 10 bis 20 Minuten zum Atmen an die Wasseroberfläche. Die Geburt der Jungen im Juni/Juli erfolgt außerhalb des Wassers auf Sandbänken. Die Jungtiere folgen der Mutter sofort ins Wasser, werden aber auf dem Sand gesäugt. Zur **Jagd schwimmen Seehunde für zwei bis vier Tage in die nahe Nordsee. Die Beutetiere (Fische, bei Jungtieren Krebse und Muscheln) werden über Schall/Ultraschall mit den Ohren, über die Wasserbewegung mit Sinneshaaren oder – abhängig von der Wassertrübung – mit den Augen wahrgenommen.**

Schädel eines Seehundes (Foto: Klaus Rassinger und Gerhard Cammerer, Museum Wiesbaden)

Seehunde stehen zwar am Ende der Nahrungskette, sie sind aber gefährdet, da sie über die Aufnahme von Kleinalgen, algenverzehrenden Kleintieren und Fischen Umweltgifte in ihrem Fett anreichern. Erst in den 1960er/1970er Jahren wurde die Seehundjagd verboten. Der Bestand erholte sich. Trotz des Massensterbens durch die Seehundstaupe 1988 und 2002 leben heute wieder über 30 000 Seehunde im gesamten Wattenmeer.

# Kegelrobbe
*Halichoerus grypus*

**Aussehen:** Männchen dunkel mit fast schwarzbrauner Oberseite, Weibchen und Jungtiere hellgrau, beige bis hellbraun; Farben bei letzteren mehr in Flecken aufgelöst als bei den männlichen Tieren; auch dunkle Weibchen und helle Männchen; Robbenbabys mit flauschig gelbem Fell; erwachsen mit bulligem Kopf, kräftiger breiter Schnauze und gerader bis leicht hochgewölbter Oberschädel-Stirn-Schnauzen-Linie • **Größe:** bis 2,30 m (m) und 2 m (w) lang • **Gewicht:** bis 300 kg (m) und 200 kg (w) • **Alter:** bis ca. 25 Jahre

Oft liegen sie gemeinsam mit Seehunden am Strand. Dann sind die großen und dunklen Männchen schnell zu erkennen, bei weiblichen und jungen Tieren muss man auf die kräftigere Schnauze, die breiten Nasenlöcher und die großen Fellflecken achten. Eindeutiges Unterscheidungsmerkmal ist ihr mit kegelförmigen Backenzähnen besetztes Raubtiergebiss. Seehunde haben die schlanken, vielspitzigen Backenzähne der Fischfresser.

Eine männliche Jungrobbe zeigt beim Gähnen ihr Gebiss.

**Die Kegelrobben sind die größten Raubtiere Deutschlands. Ihr Gebiss beeindruckt. Man sollte sich nicht dadurch täuschen lassen, dass sie sich mühsam den Strand hinaufschleppen. Wenn zwei Männchen streiten, laufen sie plötzlich tänzelnd auf dem Sand und agieren schnell wie Schwergewichtsboxer.** Sie verteidigen kein Revier und wollen nur, dass andere Männchen sich von »ihren« circa fünf Weibchen fernhalten. Die können trotzdem einen anderen Bullen aufsuchen. Die Jungen werden im Dezember und Januar auf sturmflutsicheren Stränden geboren, von der Mutter gesäugt und bleiben drei bis vier Wochen dort, bis sie ihr Fell wechseln und mit der Mutter ins Meer gehen. Kegelrobben fressen Fische und Bodentiere, greifen jedoch auch Schweinswale, gelegentlich sogar Seehunde oder eigene Jungtiere an.

# Kleiner Tümmler/Schweinswal
*Phocoena phocoena*

**Aussehen:** dunkelgrau bis schwarze Ober-, weißliche Bauchseite; gedrungener Kopf, Säugetiergliedmaßen vollständig zu Flossen umgewandelt; kleine Rückenflosse (Finne) • **Größe:** 1,40 m (m) und 1,60 m (w) lang • **Gewicht:** 50 kg (m) und 60 kg (w) • **Alter:** bis 20 Jahre

Schweinswalgruppe im Zoologischen Museum Hamburg

Die Schwanzflosse (Fluke) steht bei Walen waagerecht, bei Fischen senkrecht zum Körper. Schweinswale wurden früher bei den Schlachtern der Inseln neben Schweinen angeboten. Sie sind Säugetiere und weit mehr als die Seehunde an das Leben im Meer angepasst. **Die Weibchen gebären im Wasser, das Neugeborene muss ebenso wie die Mutter zum Atmen an die Oberfläche. Beutetiere sind kleinere Fische und bei Nahrungsmangel auch Krebse und Bodentiere. Diese werden über ein spezialisiertes Ohr mit Hilfe von Ultraschalltönen geortet und verfolgt. Schweinswale können durch extremen Unterwasserlärm Innenohrverletzungen erleiden, wenn etwa Rammarbeiten ohne Schallschutz ausgeführt werden. Sie sterben dann.**

Eine Vogelwartin erklärt den Schädelfund eines Schweinswals auf Scharhörn.

Im Frühjahr folgen sie den Fischen in die Flussmündungen. Vor Sylt und Amrum wurde ein Schutzgebiet für Schweinswale ausgewiesen, wo im Sommer mehrere tausend Tiere, darunter Mütter mit Jungen, leben. Die Beobachtung erfordert genaues Hinsehen: Es ist nur die kleine Rückenflosse über der Wasseroberfläche zu sehen.

Auch Schweinswale stehen am Ende der Nahrungskette im Meer und reichern wie die Robben Umweltgifte an. Viele ertrinken in den extrem feinen Stellnetzen in der Nordsee, die insgesamt viele tausend Kilometer lang sind. Schiffe und Bauarbeiten stören ihren Lebensraum.

# Pottwal
*Physeter macrocephalus*

Im Heimatmuseum Borkum ausgestellter Strandfund

Die Nordsee steht in offener Verbindung mit dem Atlantischen Ozean. **Sie wird immer wieder von Walen aus dem Ozean besucht, die hier nicht heimisch sind.** Buckelwale, Zwergwale, der Orca und kleinere Zahnwale orientieren sich in den flachen Gewässern, aber trotzdem werden immer wieder tote Tiere angeschwemmt. Für Pottwale und Entenwale ist die Nordsee gefährlich. Ihr Lebensraum ist der tiefe Ozean, in dem sie über 1000 Meter, Pottwale über 2000 Meter tief tauchen. Pottwale geraten – seit es schriftliche Aufzeichnungen dazu gibt – gelegentlich auf das Watt der südlichen Nordsee, vermehrt vor zwei Jahrzehnten und im Winter 2015/2016.
**Pottwal-Männchen werden über 20 Meter lang und bis zu 50 Tonnen schwer, Weibchen oft nur halb so groß. Sie leben in den subtropischen Breiten der Ozeane, die Männchen ziehen jahreszeitlich in Gruppen bis in die Arktis und kehren vor dem Winter zurück. Sie orientieren sich mit ihrem Sonarsystem im Raum und finden so auch Kalmare (Tintenfische) und andere Beute. Über ihre Navigation auf den langen Reisen können bisher nur Vermutungen angestellt werden.**

## Pottwal stirbt auf dem Watt

Selbst wenn ein Pottwal noch lebend im Watt gefunden wird, gibt es keine Chance mehr für ihn, weil das Eigengewicht des durch die Ebbe aus dem Wasser herausgehobenen Körpers das Tier erdrückt. Die zahlreichen Pottwalstrandungen an der südlichen und östlichen Nordseeküste werden unter anderem durch Skelette dokumentiert, die in vielen Museen zwischen Borkum und Sylt ausgestellt werden. Eine Übersicht bietet die Website www.cetacea.de.

# Vögel

Im Frühjahr und Herbst treffen sich die Vögel Nordeuropas, Sibiriens und Grönlands im Wattenmeer – nicht alle, aber bis zu zehn bis zwölf Millionen. An einigen Standorten erinnert das sonst oft so beschauliche Wattenmeer dann an das Leben in einer Millionenmetropole – geschäftig wie im Berufsverkehr geht es dort zu.
Alle Vögel scheinen sich darin einig zu sein, dass ganz bestimmte Dinge in rascher Abfolge getan werden müssen. Sie laufen im Watt umher, so schnell sie es mit ihren Beinen können: die Möwen eher watschelnd und langsam, Austernfischer zügig und Alpenstrandläufer mit atemberaubender Geschwindigkeit. Immer zielstrebig, immer geschäftig, als müsste diese Ecke genau abgesucht und abgestochert werden, dann ist die dahinten dran, danach jene. Und wenn Wasser mit im Spiel ist, das kommt oder geht, dann wird im Flutsaum hoch konzentriert geprüft, geortet, sondiert und zugefasst. Es ist, als schaue man durch das Dach in eine große Fabrikhalle. Manche von ihnen sind so schnell, dass man ihnen kaum zugucken kann. Das steigende Wasser bringt die Vögel unmerklich und doch zügig immer näher ans Land heran, bis sie mit dem auflaufenden Wasser am Strand angekommen sind: Das Hochwasser ist da. Jetzt ist für zwei bis drei Stunden Ruhe angesagt.
**Es geht zu wie früher im Kindergarten zur Mittagsruhe: Alle ab auf den Schlafplatz. Nachzügler, die Unruhe bringen, gibt es immer. Dann wird dicht an dicht geruht, wobei die Vögel den Kopf unter den Flügel stecken – da braucht niemand für sie das Licht auszuschalten.**
Wer die Vögel über längere Zeit beobachtet, dem wird bald klar, dass sich die Tiere nicht die Zeit am Strand vertreiben, sondern alles geben, weil es für sie ums Überleben geht.

Pfuhlschnepfen landen auf dem Sand.

Lachmöwen im Winterkleid am Hochwasser-Schlafplatz – Neuankömmlinge stören die Ruhe.

Den stärksten Zwängen unterliegen die Langstreckenzieher wie Knutts, Alpenstrandläufer und andere. So sicher wie jedes Auto Benzin braucht, um zu fahren, benötigen sie Körperfett, um viele tausend Kilometer zu fliegen. Sie suchen sich ihre Reisetermine aber nicht nach individuellem Belieben aus: Die Reise startet in einem kleinen Zeitfenster von wenigen Tagen. Aus Sicherheitsgründen fliegen sie nur gemeinsam in großen Schwärmen mit vielen Tausenden Tieren. Wer seine Reisevorbereitung schlecht führt und zu wenig »Benzin« beziehungsweise Körperfett hat, der bekommt unterwegs ein Problem.

### Was suchen die Vögel im Wattenmeer?

- Der wichtigste Grund ist das **Nahrungsangebot**. Spezialisierte Meeres- und Wasservögel sind hier kurzfristige Gäste oder zu Hause: Möwen fressen alles, was schwimmt, kriecht oder tot herumliegt. Der Kormoran jagt als schneller Unterwasserschwimmer Fische. Enten tauchen oder gründeln nach Muscheln, Krebsen und Ähnlichem. Die verschiedenen Watvogelarten (nicht »Watt-«) erreichen mit ihren langen Schnäbeln die eingegrabenen Tiere. Die Nahrungsdichte im Wattenmeer toppt zahlreiche andere Landschaften.
- Der zweite Grund ist die **Übersichtlichkeit der Umgebung**. Die Vögel brauchen ein weites freies Sichtfeld, wenn sie fressen, schlafen oder brüten, um ihren Vorteil gegenüber vierfüßigen oder fliegenden Fressfeinden zu nutzen: So können sie rechtzeitig wegfliegen oder Feinde von der Brut weglocken. Binnenlands der Deiche hat der Mensch mit seiner durchorganisierten Landschaft die Brutmöglichkeiten zahlreicher Arten beseitigt. Am Wattenmeer finden sie noch Nischen in Salzwiesen, Dünen und an den wenigen geschützten Stränden.
- Der dritte Grund schließlich ist die **Ruhe in der weitläufigen Wattenlandschaft**. Sie können mit voller Konzentration dem Nahrungserwerb nachgehen, ohne ständig um ihre Sicherheit zu fürchten. Zur Hochwasserzeit allerdings schmilzt die fast endlose Weite der Watten auf einen schmalen Uferstreifen zusammen. Da treffen die Vögel auf Urlauber, Spaziergänger, Kitesurfer und viele mehr, von denen leider einige manchmal kein Einsehen in die dringend benötigte Ruhezeit der Vögel haben. Vielleicht fehlt manchen auch nur das Wissen um die Fluchtdistanzen der Vögel.

### Ringelgans  *Branta bernicla*

**Aussehen:** Kopf, Hals und Flügel schwarz, Körper und Flügeldecken schwarzgrau, am Hals beidseitig weißlicher ringähnlicher Streifen; Schwanzunterseite weiß, Schnabel und Beine schwarz • **Größe:** ca. 60 cm lang, 1,20 m Spannweite • **Alter:** ca. 15 Jahre

Die im Wattenmeer zu sehenden Ringelgänse brüten in Nordsibirien. Sie kommen im Oktober ins Wattenmeer und überwintern ab November/Dezember in den Niederlanden, Frankreich und England. Im Frühjahr sind sie im März/April zurück und fressen viel Gras, um Fett für ihren über 4000 Kilometer langen Rückflug nach Sibirien anzusetzen. Sie sind ein Aushängeschild des Nationalparks (www.ringelganstage.de).

### Graugans  *Anser anser*

**Aussehen:** helles bis dunkles Graubraun in streifigem Muster, Beine rosa, Schnabel gelb oder blassorange • **Größe:** ca. 80 cm lang, 1,60 m Spannweite • **Alter:** bis 17 Jahre

Im Schwarm fliegen Graugänse in V-Formation mit Wechsel der Positionen. Hiesige Brutvögel überwintern im Süden. Sie verzehren Wiesen- und Uferpflanzen. Ähnliche Gänsearten sind an der Schnabel- und Kopffärbung zu unterscheiden.

### Weißwangengans  *Branta leucopsis*

**Aussehen:** Kopf und Unterseite weiß; Haube, Hals, Brust, Schwanz, Schnabel und Füße schwarz oder grauschwarz; Rücken und Flügeldecken grauschwarz-weiß gebändert • **Größe:** ca. 60 cm lang • **Alter:** ca. 20 Jahre

Die Weißwangengans wird auch Nonnengans genannt, da ihre Färbung an katholische Nonnen erinnert. Im Schwarm bilden die Vögel breite Bänder. Nahrung sind Queller, Andelgras, Kleintiere im Watt, auch Wiesengras oder Wintergetreide. Sie kommen im Oktober, Schnee treibt sie in die Niederlande. Anfang Mai ziehen sie in ihre Brutgebiete in Westsibirien. Ähnlich, aber nur mit weißer Wange und sehr viel größer ist die seltenere **Kanadagans** *Branta canadensis*.

## Brandgans  *Tadorna tadorna*

**Aussehen:** Geschlechter ähnlich, Weibchen etwas kleiner; überwiegend weiß, Kopf und Hals schwarzgrün schillernd, Unterbrust und Schulter rostrot, Flügel hinten schwarz, Schnabel rot und Beine rosafarben; im Brutkleid Männchen mit rotem Schnabelhöcker; Farben im Schlichtkleid stumpfer • **Größe:** bis 65 cm lang, 1,20 m Spannweite • **Alter:** bis 15 Jahre

Sie gründeln im Wasser oder suchen mit leicht geöffnetem Schnabel nach Kleintieren und brüten in Höhlen. Im August verlieren über 100 000 Brandgänse aus Europa an der Elbmündung ihre Flugfedern. Viele überwintern im Wattenmeer, die meisten fliegen in den Süden.

## Stockente  *Anas platyrhynchos*

**Aussehen:** Geschlechter verschieden, Erpel im Brutkleid mit grünblau schillerndem Kopf, weißem Halsring, Unterhals dunkelbraun, Unterseite hell, Oberseite etwas dunkler; Füße orange, Schnabel gelb, vier lockenförmig aufwärtsgebogene Federn am Schwanz; Weibchen braun und schwarz gemustert mit dunklem Schnabel • **Größe:** bis 60 cm lang, bis 95 cm Spannweite • **Alter:** bis 20 Jahre

Die Stockente ist die Stammart der Hausente und häufigste Ente im Wattenmeer. Sie gründelt mit ihrem Kopf im Wasser nach Kleintieren. Im Binnenland fressen sie Pflanzen, Samen und Ähnliches. Wintergäste kommen aus dem Norden.

## Pfeifente   *Anas penelope*

**Aussehen:** Geschlechter verschieden, Männchen im Brutkleid mit rotbraunem Kopf und hellgelbem Stirnstreifen, Oberseite grau, Weibchen Kopf und Oberseite graubraun, Brust und Flanken rotbräunlich, Unterbauch weißlich; im Winterkleid Männchen ähnlich den Weibchen • **Größe:** bis 50 cm lang, 80 cm Spannweite • **Alter:** ca. 12 Jahre

Pfeifenten verzehren kalorienarme Blattpflanzen wie Seegras und Queller. Später im Winter wechseln sie zum Fressen nachts auf Gras und manchmal auf Getreidefelder. Das Pfeifen der Männchen verrät sie in der Nacht. Rund 500 000 Pfeifenten aus der Taiga im Norden Eurasiens überwintern im Wattenmeer.

## Eiderente   *Somateria mollissima*

**Aussehen:** Geschlechter verschieden, Weibchen braun; Männchen größer und im Brutkleid kontrastreich weiß-schwarz, Winterkleid ähnlich wie Weibchen; Kopf durch hohen Schnabelansatz keilförmig • **Größe:** bis 60 cm lang, 1 m Spannweite • **Alter:** bis ca. 15 Jahre

Standardmenü der Eiderente sind Muscheln, die sie noch bei Nebel und Dunkelheit auch zehn Meter tief im Wasser findet und mit dem Kaumagen zerkleinert. Wenn keine Muscheln oder Krebse vorhanden sind oder eine Eisdecke kein Tauchen zulässt, sterben zahlreiche Eiderenten. Etwa 1000 brüten am Wattenmeer, circa 100 000 kommen zur Mauser.

## Kormoran  *Phalacrocorax carbo*

**Aussehen:** metallisch glänzend schwarz, Flügeloberseiten dunkelbronze, mit gelb-schwarzem Schnabel und weißlicher Kehle und Wange • **Größe:** ca. 90 cm lang, 1,50 m Spannweite • **Alter:** bis 20 Jahre

Man sieht Kormorane oft mit abgespreizten Flügeln sitzen, da das Wasser beim Tauchen in ihr Federkleid dringt und es trocknen muss. Die Vögel sind sehr effektive unter Wasser schwimmende Fischjäger, weshalb sie im 19. Jahrhundert fast komplett ausgerottet wurden. Natürliche Feinde des Kormorans sind unter anderem Waschbär, Mink, Habicht und Seeadler. Sie brüten meist in großen Kolonien auf Bäumen in der Nähe von Binnengewässern.

## Austernfischer
*Haematopus ostralegus*

**Aussehen:** auffällig schwarz-weiß gefärbt, mit rotem, kräftigem Schnabel und Beinen; Farben im Winterkleid blasser • **Größe:** bis 45 cm lang, 85 cm Spannweite • **Alter:** 15–30 Jahre

In Nordfriesland bekam der Austernfischer den Spitznamen »Halligstorch«. Die Vögel fressen Muscheln, Krebse, Borstenwürmer und im Binnenland Insekten und Regenwürmer. Kleine Muscheln (bis circa zehn Millimeter) werden ganz geschluckt, größere auf fester Unterlage aufgehämmert oder auf Steine geworfen. Hiesige Austernfischer ziehen im Winter nach Südwesteuropa. Im Wattenmeer überwintern dann Gäste aus dem Norden.

## Sandregenpfeifer
*Charadrius hiaticula*

**Aussehen:** braune Oberseite, weißer Bauch, Hals und Unterstirn; schwarze Stirn- und Halsbinde mit Brust, Beine und Schnabel orange, seine Spitze schwarz • **Größe:** bis 20 cm lang, 50 cm Spannweite • **Alter:** bis 10 Jahre

Der Sandregenpfeifer braucht menschenleere Sandstrände und Kies-/Schotterflächen zum Brüten. Durch Ausbau der Ufer und den zunehmenden Tourismus gibt es einen sehr starken Rückgang der Art.

## Sanderling  *Calidris alba*

**Aussehen:** im Schlichtkleid Oberseite grau, zur Brutzeit Kopf und Brust rötlich, mit deutlicher weißer Flügelbinde im Flug • **Größe:** ca. 20 cm lang, 40 cm Spannweite • **Alter:** bis 18 Jahre

Sanderlinge sind Brutvögel der Polarregion, die im Winter in den Süden ziehen. Jedoch bleiben viele an der Nordsee und suchen Kleintiere im Rücklaufbereich der Wellen.

## Säbelschnäbler
*Recurvirostra avosetta*

**Aussehen:** graublaue Beine, Kopf mit Nackenoberseite und Teile der Flügel schwarz; nach oben gebogener, fein auslaufender grauschwarzer Schnabel • **Größe:** bis 45 cm lang, 80 cm Spannweite • **Alter:** bis 20 Jahre

Säbelschnäbler brüten am Strand oder auf strandnahen Wiesen/Weiden. Im Winter ziehen die meisten an südliche Küsten.

### Kormoran  *Phalacrocorax carbo*

**Aussehen:** metallisch glänzend schwarz, Flügeloberseiten dunkelbronze, mit gelb-schwarzem Schnabel und weißlicher Kehle und Wange • **Größe:** ca. 90 cm lang, 1,50 m Spannweite • **Alter:** bis 20 Jahre

Man sieht Kormorane oft mit abgespreizten Flügeln sitzen, da das Wasser beim Tauchen in ihr Federkleid dringt und es trocknen muss. Die Vögel sind sehr effektive unter Wasser schwimmende Fischjäger, weshalb sie im 19. Jahrhundert fast komplett ausgerottet wurden. Natürliche Feinde des Kormorans sind unter anderem Waschbär, Mink, Habicht und Seeadler. Sie brüten meist in großen Kolonien auf Bäumen in der Nähe von Binnengewässern.

### Austernfischer
*Haematopus ostralegus*

**Aussehen:** auffällig schwarz-weiß gefärbt, mit rotem, kräftigem Schnabel und Beinen; Farben im Winterkleid blasser • **Größe:** bis 45 cm lang, 85 cm Spannweite • **Alter:** 15–30 Jahre

In Nordfriesland bekam der Austernfischer den Spitznamen »Halligstorch«. Die Vögel fressen Muscheln, Krebse, Borstenwürmer und im Binnenland Insekten und Regenwürmer. Kleine Muscheln (bis circa zehn Millimeter) werden ganz geschluckt, größere auf fester Unterlage aufgehämmert oder auf Steine geworfen. Hiesige Austernfischer ziehen im Winter nach Südwesteuropa. Im Wattenmeer überwintern dann Gäste aus dem Norden.

## Sandregenpfeifer
*Charadrius hiaticula*

**Aussehen:** braune Oberseite, weißer Bauch, Hals und Unterstirn; schwarze Stirn- und Halsbinde mit Brust, Beine und Schnabel orange, seine Spitze schwarz • **Größe:** bis 20 cm lang, 50 cm Spannweite • **Alter:** bis 10 Jahre

Der Sandregenpfeifer braucht menschenleere Sandstrände und Kies-/Schotterflächen zum Brüten. Durch Ausbau der Ufer und den zunehmenden Tourismus gibt es einen sehr starken Rückgang der Art.

## Sanderling  *Calidris alba*

**Aussehen:** im Schlichtkleid Oberseite grau, zur Brutzeit Kopf und Brust rötlich, mit deutlicher weißer Flügelbinde im Flug • **Größe:** ca. 20 cm lang, 40 cm Spannweite • **Alter:** bis 18 Jahre

Sanderlinge sind Brutvögel der Polarregion, die im Winter in den Süden ziehen. Jedoch bleiben viele an der Nordsee und suchen Kleintiere im Rücklaufbereich der Wellen.

## Säbelschnäbler
*Recurvirostra avosetta*

**Aussehen:** graublaue Beine, Kopf mit Nackenoberseite und Teile der Flügel schwarz; nach oben gebogener, fein auslaufender grauschwarzer Schnabel • **Größe:** bis 45 cm lang, 80 cm Spannweite • **Alter:** bis 20 Jahre

Säbelschnäbler brüten am Strand oder auf strandnahen Wiesen/Weiden. Im Winter ziehen die meisten an südliche Küsten.

### Alpenstrandläufer  *Calidris alpina*

**Aussehen:** im Sommer auffälliger schwarzer Bauchfleck; im Winter (Foto) dunkel graubraune Oberseite, heller Kopf und Kehle, weißliche Bauchseite, schwarzer Schnabel und Beine; Schnabel zur Spitze oft leicht nach unten gebogen • **Größe:** ca. 20 cm lang, 35 cm Spannweite • **Alter:** ca. 20 Jahre

Alpenstrandläufer sind Brutvögel der Tundra und mit über einer Million die zahlreichsten Durchzügler auf dem Weg nach Süden. Einige bleiben und ernähren sich von Schlickkrebsen, Wattschnecken, kleinen Jungmuscheln und Würmern.

## Das Vogeljahr im Wattenmeer

Im August kommen die Mausergäste und lassen sich draußen auf den großen Sanden neue Flugfedern wachsen. Mit ihrem Kommen wird die Saison der Zugvögel eingeläutet. **Ende September/Anfang Oktober sind mit drei Millionen Tieren die höchsten Vogelzahlen zu beobachten.** Im Winter sind es erheblich weniger. Aus dem Norden überwintern viele Arten, etwa Große Brachvögel, Pfuhlschnepfen, ein Teil der Alpenstrandläufer, Eiderenten oder Brandgänse. Eis vertreibt sie in Richtung Niederlande und Kanalküste. Der Winter dauert lange. Erst ab März kündigen Rückkehrer aus dem Süden das neue Vogeljahr an. Durchzügler und Brutvögel leben dann nebeneinander. Ende April bis Mitte Mai erreichen die Rückflieger in die nordischen Brutgebiete die höchsten Zahlen. Parallel beginnen die heimischen Vögel mit der Brut, die im Juni den Höhepunkt erreicht. Die Vogelgesamtzahl ist zu diesem Zeitpunkt am niedrigsten.

»Geh mir aus dem Weg« – ein Großer Brachvogel sucht das Ufer ab, im Vordergrund schlafen Austernfischer.

### Verhalten gegenüber Vögeln

Jedes Auffliegen kostet Energie, die durch mehr Nahrung wiedergewonnen werden muss. Störungen haben manchmal dramatische Folgen: Ein Brutvogel kann durch diese Irritation ungewollt einem lauernden Beutegreifer das Nest verraten, was den Verlust von Eiern oder Küken bedeuten kann. **Der Abstand zum Menschen, bei dem die Vögel auffliegen, ist nicht immer gleich.** Selbst empfindliche Arten können an einem Strand mit vielen Spaziergängern dicht neben Menschen fressen. Im freien Watt oder in der Salzwiese fliegen sie bei zehnfacher Entfernung auf. Vielleicht fürchten sie den anschleichenden Jäger.

### Vogelbeobachtung

Bei Hochwasser kann man die Vögel durch ein Fernglas auf ihren Hochwasser-Rast- und -schlafplätzen am Ufer beobachten. Dann aber bitte nicht stören. Bei sinkendem Wasser starten sie wieder. Das Fernglas hilft dabei, jeden Vogel als Individuum zu erkennen, um Unterschiede im Aussehen und Verhalten zu bemerken. Gute Dienste leistet schon ein preiswertes (30 bis 50 Euro) Fernglas mit der Kennzeichnung »8 x 30«, wobei die »8« für die Vergrößerung und die »30« für die Lichtstärke steht.

## Pfuhlschnepfe
*Limosa lapponica*

**Aussehen:** im Schlichtkleid bräunlich graue Oberseite mit Musterung und helle Unterseite, zur Brutzeit rotorange mit braunen Flügeldecken; Schnabel lang und oft leicht nach oben gebogen • **Größe:** ca. 40 cm lang, 65 cm Spannweite • **Alter:** ca. 15 Jahre

Zeitweise kommen Pfuhlschnepfen in großen Schwärmen ins Wattenmeer, wo sie sich gerne mit den Knutts zusammentun. Sie brüten in den arktischen Feuchtgebieten Europas und Asiens und überwintern an afrikanischen Küsten und am Mittelmeer.

## Knutt  *Calidris canutus*

**Aussehen:** im Herbst/Winter weißlich mit dunkelgrauer, schattierter Körper- und Flügeloberseite, Brutkleid der Männchen bauchseits rostrot • **Größe:** ca. 25 cm lang, 60 cm Spannweite • **Alter:** bis ca. 25 Jahre

Knutts brüten rund um das Polarmeer. 200 000 Tiere aus Nordsibirien und circa 400 000 aus Nordgrönland und Kanada kommen im Herbst in 1500 bis 4000 Kilometer langen Nonstop-Flügen an die Nordsee. Sie suchen am Spülsaum Kleintiere. Sibirische Knutts verlassen nach zwei bis vier Wochen das Wattenmeer in Richtung Südafrika. Im Frühjahr kommen sie zurück. Wenn alles gut geht, fressen sie sich im Wattenmeer viel Fett an. 80 Gramm reichen für einen etwa 4000 Kilometer langen Flug. Die Sibirier haben sich auf die Plattmuscheln im Dithmarscher Watt spezialisiert, grönländische Knutts verspeisen dagegen Herzmuscheln und Wattschnecken im nordfriesischen Watt.

## Großer Brachvogel
*Numenius arquatus*

**Aussehen:** braune Grundfarbe mit dunkel-heller Musterung, Kehlfleck und Hinterleib weiß, auffallende Größe und fast 20 cm langer Schnabel • **Größe:** ca. 55 cm lang, 90 cm Spannweite • **Alter:** bis ca. 25 Jahre

Auf dem Durchzug und in milden Wintern kommen zahlreiche Große Brachvögel aus Nordeuropa ins Wattenmeer, wo sie Würmer und Krebse suchen.

### Rotschenkel  *Tringa totanus*

**Aussehen:** Oberseite braun mit hell-dunkler Strichelung, Unterseite bräunlich gefleckt und weiß, im Flug weißer Flügelhinterrand; Beine und Oberschnabel orangerot, Schnabelspitze schwarz; Farben im Schlichtkleid blasser (Foto) • **Größe:** ca. 28 cm lang, 65 cm Spannweite • **Alter:** bis 17 Jahre

Der Rotschenkel brütet in den Salzwiesen und kommt oft ins Watt, wo er im Flachwasser Kleintiere fängt. Hiesige Brutvögel ziehen im Winter in den Süden, isländische sind dann am Wattenmeer.

### Steinwälzer  *Arenaria interpres*

**Aussehen:** im Brutkleid rostrot, schwarz und weiß, Unterseite stets weiß, Farben im Schlichtkleid blasser (Foto); Schnabel schwarz, Beine orange • **Größe:** ca. 22 cm lang, 50 cm Spannweite • **Alter:** bis ca. 12 Jahre

Steinwälzer sind Spezialisten im Wenden kleiner Strandsteine und im Aufsammeln von darunter verborgenen Krebsen und ähnlichen Kleintieren. Viele suchen unter Algen oder graben im Sand nach Nahrung. Sie brüten im Norden Europas und Asiens und kommen im Winterhalbjahr an die Nordsee.

### Lachmöwe  *Larus ridibundus*

**Aussehen:** braunschwarze Kopffärbung (reicht nicht über den Hinterkopf), Oberseite grau, Hals und Bauchseite weiß, schwarze Kanten an den Flügelspitzen; dunkelroter Schnabel und Beine; Farben im Winterkleid blasser, Kopf weiß mit dunklem Ohrfleck • **Größe:** ca. 40 cm lang, 90 cm Spannweite • **Alter:** bis 30 Jahre

Lachmöwen treten gerne in der Gruppe auf und streiten laut um jeden Nahrungsbrocken. Wie alle Möwen haben sie schlanke und spitz auslaufende Flügel. Im Binnenland sind die Vögel an Gewässern, auf Ackerflächen, Weiden oder Mülldeponien häufig. Sie brüten in großen Kolonien. Lachmöwen sind Nahrungsopportunisten, die vom Krebs oder der kleinen Muschel über Aas, Regenwürmer, Mäuse, Insekten bis hin zu Abfällen alles fressen.

### Silbermöwe  *Larus argentatus*

**Aussehen:** Oberseite silbergrau, Flügelspitzen schwarz, Hals und Bauch weiß; Schnabel gelb mit rotem Punkt am Unterschnabel, fleischfarbene Beine • **Größe:** ca. 60 cm lang, ca. 1,40 m Spannweite • **Alter:** bis ca. 30 Jahre

Der rote Fleck am gelben Unterschnabel der Silbermöwe gibt den Küken Orientierung beim Betteln nach Nahrung. Im Winterkleid zeigen sich Kopf und Brust bräunlich gestrichelt und der Schnabelfleck mit etwas Schwarz. Diese »Kopfstrichelung« bleibt im Winter nicht erhalten. Auf den Inseln brüten Silbermöwen in den Dünen. Mit ihrem starken Schnabel erbeuten sie Strandkrabben und Muscheln, auch Vogelküken und Landtiere bis zu jungen Kaninchen und Aas.

## Heringsmöwe  *Larus fuscus*

**Aussehen:** Kopf und Körperunterseite weiß, Rücken und Flügeloberseite schiefergrau bis schwarz, Beine und Schnabel gelb, letzterer mit rotem Fleck am Unterschnabel; im Winterkleid auf Kopf und Nacken leicht grau gestrichelt • **Größe:** ca. 50 cm lang, 1,40 m Spannweite • **Alter:** bis 30 Jahre

Die Heringsmöwe ist etwas kleiner als die Silbermöwe, fällt aber durch den dunklen Mantel auf. Sie fliegt und taucht eleganter und brütet im Frühjahr in deren Nähe. Heringsmöwen bevorzugen Fische, Fischereiabfälle und an Land Insekten, Regenwürmer und Ähnliches. Man sieht sie selten auf Müllkippen.

## Sturmmöwe  *Larus canus*

**Aussehen:** Kopf und Körper weiß, Flügeldecken und Rücken grau, Schnabel und Beine gelb bis grüngelb; im Winterkleid Kopf leicht graubraun gestrichelt • **Größe:** ca. 40 cm lang, 1,10 m Spannweite • **Alter:** bis ca. 30 Jahre

Die Sturmmöwe ist geringfügig größer als die Lachmöwe und fliegt oft mit ihr in gemischten Schwärmen. Sie brütet an Wattenmeer und Unterelbe gerne auf kleinen Inseln. Im Wattenmeer beobachtet man im Herbst und Frühjahr Durchzieher aus Nordeuropa. Sturmmöwen fressen im Watt Kleintiere, Fische, Vögel und Eier und im Binnenland Regenwürmer, Insekten, Mäuse und Pflanzensamen. Die Sturmmöwen besuchen auch Mülldeponien.

### Mantelmöwe  *Larus marinus*

**Aussehen:** weißer Kopf, Hals und Unterseite, schieferschwarze Oberseite und Flügeldecken; gelber Schnabel mit rotem Fleck, rosa Beine • **Größe:** ca. 70 cm lang, 1,50 m Spannweite • **Alter:** bis 30 Jahre

Die Mantelmöwe ist der Riese unter den Möwen und kommt als Gast ins deutsche Wattenmeer. Das Foto zeigt sie im vierten Winter, ältere haben einen roten Fleck am Unterschnabel. In der Färbung ist diese Art mit der Heringsmöwe zu verwechseln. Die Flügel sind kürzer und breiter als bei den anderen Möwen, die Weibchen bleiben kleiner. Mantelmöwen der nordskandinavischen Brutgebiete überwintern im niederländischen Wattenmeer. Sie fressen alles von Insekten, Krebsen, Muscheln bis zu Fischen und kleinen Enten oder Kaninchen, auch Aas.

### Küstenseeschwalbe  *Sterna paradisaea*

**Aussehen:** hellgraue Oberseite, sonst weiß, schwarze Haube; Schnabel rot, im Winter mit schwarzer Spitze • **Größe:** ca. 35 cm lang, 90 cm Spannweite • **Alter:** bis 15 Jahre

Die Küstenseeschwalbe brütet im Frühjahr auf den Nordseeinseln und an der Küste, auch am Eidersperrwerk. Sie frisst Kleinfische. Im Winter fliegt sie bis in die Antarktis und über den offenen Ozean, oft 20 000 Kilometer und mehr. Ähnlich ist die **Flussseeschwalbe** *Sterna hirundo* mit längeren Beinen und schwarzer Schnabelspitze im Sommer.

### Brandseeschwalbe  *Sterna sandvicensis*

**Aussehen:** hellgraue Oberseite mit schwarzen Flügelspitzen, sonst weiß; Kopf mit schwarzem Oberkopf und im Winter weißer Stirn; Schnabel schwarz mit gelber Spitze • **Größe:** ca. 40 cm lang, 1 m Spannweite • **Alter:** bis 23 Jahre

Die Brandseeschwalbe brütet im Frühjahr auf einigen Inseln in Möwenkolonien. Im Winter ziehen die Erwachsenen an die afrikanischen Küsten. Auch sie fressen vor allem Kleinfische.

### Mantelmöwe  *Larus marinus*

**Aussehen:** weißer Kopf, Hals und Unterseite, schieferschwarze Oberseite und Flügeldecken; gelber Schnabel mit rotem Fleck, rosa Beine • **Größe:** ca. 70 cm lang, 1,50 m Spannweite • **Alter:** bis 30 Jahre

Die Mantelmöwe ist der Riese unter den Möwen und kommt als Gast ins deutsche Wattenmeer. Das Foto zeigt sie im vierten Winter, ältere haben einen roten Fleck am Unterschnabel. In der Färbung ist diese Art mit der Heringsmöwe zu verwechseln. Die Flügel sind kürzer und breiter als bei den anderen Möwen, die Weibchen bleiben kleiner. Mantelmöwen der nordskandinavischen Brutgebiete überwintern im niederländischen Wattenmeer. Sie fressen alles von Insekten, Krebsen, Muscheln bis zu Fischen und kleinen Enten oder Kaninchen, auch Aas.

### Küstenseeschwalbe  *Sterna paradisaea*

**Aussehen:** hellgraue Oberseite, sonst weiß, schwarze Haube; Schnabel rot, im Winter mit schwarzer Spitze • **Größe:** ca. 35 cm lang, 90 cm Spannweite • **Alter:** bis 15 Jahre

Die Küstenseeschwalbe brütet im Frühjahr auf den Nordseeinseln und an der Küste, auch am Eidersperrwerk. Sie frisst Kleinfische. Im Winter fliegt sie bis in die Antarktis und über den offenen Ozean, oft 20 000 Kilometer und mehr. Ähnlich ist die **Flussseeschwalbe** *Sterna hirundo* mit längeren Beinen und schwarzer Schnabelspitze im Sommer.

### Brandseeschwalbe  *Sterna sandvicensis*

**Aussehen:** hellgraue Oberseite mit schwarzen Flügelspitzen, sonst weiß; Kopf mit schwarzem Oberkopf und im Winter weißer Stirn; Schnabel schwarz mit gelber Spitze • **Größe:** ca. 40 cm lang, 1 m Spannweite • **Alter:** bis 23 Jahre

Die Brandseeschwalbe brütet im Frühjahr auf einigen Inseln in Möwenkolonien. Im Winter ziehen die Erwachsenen an die afrikanischen Küsten. Auch sie fressen vor allem Kleinfische.

## Helgoländer Lummenfelsen

Die einsame Lage im Meer macht Helgoland in besonderem Maße für Vögel interessant – sei es, dass sie vom Sturm aufs Meer vertrieben werden, sei es, dass sie auf dem regulären Zug sind und dieses Angebot zur Rast dankbar annehmen. Über 400 Vogelarten wurden hauptsächlich im Frühjahr und im Herbst auf der Insel beobachtet. Bereits 1910 gründeten Ornithologen die Vogelwarte Helgoland.

**Während der Brutzeit von April bis Juni kann man auf Helgoland die Geschäftigkeit eines Vogelfelsens an einer nordischen Küste erleben und braucht dazu nicht nach Schottland, Norwegen oder auf die Färöer-Inseln zu fahren. Tausende Seevögel brüten dann auf den oft nur wenige Zentimeter breiten Vorsprüngen der steil ins Meer abfallenden Felswände.**

Richtig eng wird es im Juni, wenn die Jungen der Basstölpel, Trottellummen und Dreizehenmöwen geschlüpft sind und heranwachsen. Population und Platzbedarf auf den ohnehin äußerst engen Felskanten steigen dann. Die Beobachtungsmöglichkeiten sind einmalig gut.

**Die häufigste Art ist die Dreizehenmöwe.** Sie erreicht über 5000 Paare, die Trottellumme rund 2000. Auch die Basstölpel haben sich seit der ersten hiesigen Brut im Jahr 1991 auf viele hundert Paare vermehrt. Tordalke und Eissturmvögel brüten nur mit einzelnen Paaren in den Felswänden.

Ölverschmutzung, Umweltgifte, herumtreibende Abfälle, Tampen, Netze und die Fischerei bewirken in jedem Jahr den Tod eines erheblichen Teils der Vögel. Die Felswände und die weiten Flächen des Felssockels sind als Naturschutzgebiet geschützt.

Abb. linke Seite: Helgoländer Vogelfelsen mit den Nestern von Dreizehenmöwen, Lummen und Basstölpeln in den steilen Felswänden

### Trottellumme  *Uria aalge*

**Aussehen:** Körper- und Flügeloberseite, Schnabel und Füße braunschwarz, Unterseite weiß; einige Tiere mit weißem Augenring und Wangenstrich (vermehrt bei nordatlantischen Tieren); Schnabel fein und spitz • **Größe:** bis 50 cm lang, bis 70 cm Spannweite • **Alter:** über 30 Jahre

Trottellummen erbeuten Fische in einer Wassertiefe bis über 100 Meter. Ein Junges wird drei bis vier Wochen gefüttert, dann segelt es (ohne funktionsfähige Schwungfedern) den Abgrund der Felswand hinunter. Unten wartet das Männchen, das sein Junges noch zwei bis drei Monate im Meer versorgt und dabei das eigene Federkleid wechselt. Von den Trottellummen sterben vermutlich 40 Prozent in Fischernetzen.

### Dreizehenmöwe  *Rissa tridactyla*

**Aussehen:** Körper- und Flügeloberseite silbergrau, äußere Flügelspitzen schwarz, Unterseiten und Schwanzfedern weiß, im Winter mit dunklem Ohrfleck und Nackenband; gelber Schnabel und sehr kurze grau-schwarze Beine • **Größe:** bis 40 cm lang, bis 1 m Spannweite • **Alter:** über 20 Jahre

Dreizehenmöwen fehlt der vierte, nach hinten zeigende Krüppelzeh der anderen Möwen. Sie sind Hochseevögel, die sich von Kleinfischen und -tieren im offenen Ozean ernähren. Nach etwa sechs Wochen fliegen die ein bis zwei Jungen vom Nest weg, werden dort aber weiter gefüttert.

### Basstölpel  *Morus bassanus*

**Aussehen:** Körper weiß, Kopf zur Brutzeit gelblich orange, Flügelspitzen/Handschwingen braunschwarz; Füße schwärzlich mit grünen Zehenstrichen • **Größe:** ca. 1 m lang, ca. 1,70 m Spannweite • **Alter:** ca. 20 Jahre (im Foto links mehrjähriges Jungtier)

Basstölpel »stoßtauchen« nach Fischen und brauchen die Felsen zum Brüten. Als perfekte Segelflieger können sie nur mit langem Anlauf vom flachen Boden aus starten. Jedes Paar hudert (versorgt) ein Junges, das nach drei Monaten ins Wasser segelt und keine elterliche Unterstützung mehr erhält. Nach der Brutzeit fliegen sie mehrere tausend Kilometer in südliche Meeresgebiete.

# Fische

Neben den marinen Säugetieren und den Vögeln sind die Fische die dritte Wirbeltierklasse, die mit sehr beeindruckenden Tieren an der Küste vertreten ist. Der Unterschied zu den zuerst Genannten besteht darin, dass man die Vertreter der Fische normalerweise kaum zu sehen bekommt. Die ganz großen ziehen die freie Nordsee der Küste vor. Aber viele Arten leben im Sommer dicht an der Küste. Davon stellt dieser Abschnitt einige vor. Die beste Möglichkeit, sie zu beobachten und diesen Teil des Meereslebens kennenzulernen, bieten die verschiedenen Aquarien und Wattenmeer-Zentren an der Küste (vgl. S. 178).

## Kabeljau/Dorsch
*Gadus morhua*

**Aussehen:** Grundfarbe grau, bräunlich oder grünlich mit feinem Fleckenmuster, vorstehender Oberkiefer, eine kräftige Bartel vorne am Unterkiefer • **Größe:** bis über 1 m lang • **Alter:** bis 20 Jahre

Es gibt viele Populationen des Kabeljaus oder Dorschs im Nordatlantik. Küstendorsche bleiben in der südlichen Nordsee. Zwei bis drei Monate nach dem Schlüpfen aus dem Ei und dem Leben als Plankton suchen die Fische ihre Nahrung am Boden im Flachwasser.

## Nagelrochen  *Raja clavata*

**Aussehen:** dunkle und gefleckte Oberseite mit zahlreichen nagelähnlichen Dornen, Unterseite hell, Körpergrundform fast ein Quadrat, große Augen • **Größe:** Männchen bis 70 cm, Weibchen erheblich größer • **Alter:** bis 15 Jahre

Nagelrochen sind unter anderem auch in der Nordsee zu Hause und fressen Krabben, Plattfische und Ähnliches. Zur Eiablage kommen sie im Frühjahr dicht an die Küste, ein Weibchen legt jährlich rund 50 Eier. Die befinden sich in fünf bis neun Zentimeter langen dunkelbraunen Kapseln. Sie werden an Algen oder Steinen befestigt. Zur Atmung der Embryonen sind Schlitze in der Kapselhaut. Nach vier bis fünf Monaten schlüpft der circa zwölf Zentimeter lange kleine Nagelrochen aus dem Ei. Leere Eikapseln spült die See immer wieder an den Strand.

## Seezunge  *Solea solea*

**Aussehen:** braun-graue Grundfarbe, Unterseite fast weiß, rechtsäugiger Plattfisch, zahlreiche kleine Sinnesfäden an der Kopfunterseite • **Größe:** bis über 30 cm lang • **Alter:** bis ca. 17 Jahre

Die Seezunge laicht an der Küste und im Wattenmeer. Sie frisst Kleintiere des Bodens (siehe Foto, Mund vom Betrachter abgewandt).

## Scholle   *Pleuronectes platessa*

**Aussehen:** Augenseite bräunlich, deutliche rote Flecken, am Kopf knöchrige Höcker in einer geschwungenen Linie von den Augen bis hinter die Kiemen, Unterseite hell • **Größe:** bis 40 cm • **Alter:** bis 40 Jahre

Auch Schollen graben sich gerne ein und sind besonders in der Nacht und dann auch bis ins flache Wasser aktiv. Jungfische sind oft im Wattenmeer anzutreffen. Sie verändern ihr Farbkleid entsprechend dem Untergrund, auf dem sie sich bewegen. Schollen werden heftig befischt, früher wurden sie bis einen Meter lang.

## Flunder   *Platichthys flesus*

**Aussehen:** Oberseite grau bis dunkelbräunlich gefärbt, verschieden gefleckt, rau mit Knochenhöckern entlang der Seitenlinie • **Größe:** bis ca. 30 cm lang • **Alter:** 10–20 Jahre

Viele Fische sind flach bis scheibenförmig, die Plattfische im Wattenmeer sind zusätzlich »Seitenlieger«: Eine Körperseite wird stets dem Boden zugewandt. Trotzdem gucken sie einen mit beiden Augen an. Die kleinen Babyplattfische bis circa zwölf Millimeter sehen noch ganz normal aus. Dann wandert das untere Auge zusätzlich auf die Oberseite, und die Kleinen gehen zum Seitwärtsliegen am Boden über. Gerne graben sie sich etwas ein, dann ragen nur die Augen aus der Bodenoberfläche. Auf Flundern, auch Butt genannt, kann man in dauernd wasserführenden Prielen stoßen. Sie fressen Garnelen, Muscheln und Ringelwürmer. Im Herbst gehen sie ins tiefere Wasser.

## Strand-/Schlammgrundel  *Pomatoschistus microps*

**Aussehen:** hell sandfarben, schwächer gefleckt als Sandgrundeln, zwei getrennte Rückenflossen, Fleck am Hinterrand der ersten Rückenflosse, z. T. unscheinbar, Bauchflossen bruststänbig, verwachsen • **Größe:** 6 cm lang • **Alter:** 1–2 Jahre

Die Strandgrundel lebt auch in schwach salzhaltigen Gewässern. Wenn im Spätherbst oder Winteranfang das Wasser zu kalt wird, wandert sie ins tiefere Wasser, wo sie den Winter verbringt.

## Sandgrundel
*Pomatoschistus minutus*

**Aussehen:** sandfarben, grau bis durchscheinend, gefleckt, Körper mit großem Kopf-/Brustumfang und schlank auslaufendem Hinterende, zwei getrennte Rückenflossen, die erste mit Fleck am Hinterrand, Bauchflossen bruststänbig, verwachsen; nach vorne aufwärtszeigende Maulspalte • **Größe:** bis 10 cm lang • **Alter:** 1–2 Jahre

Sandgrundeln sind flinke kleine Unterwasserblitze, die man nur von oben sieht und auch nur, wenn man ruhig stehen bleibt. Sie zeigen sich im Spätsommer in Prielen oder dauerhaft wasserführenden Vertiefungen bis hinunter in die Dauerwasserzone. Die Weibchen legen im Sommer die Eier in ein vom Männchen bereitgestelltes Nest (z. B. eine umgedrehte Muschelschale). Das Männchen hütet das Gelege etwa zehn Tage lang und bewacht es bis zum Schlupf der Eier. Die Larven entwickeln sich im Plankton weiter.

## Grauer Knurrhahn   *Eutrigla gurnardus*

**Aussehen:** graue Oberseite mit einer Reihe kleiner hellgelber Höcker auf jeder Seite, Bauchseite cremefarben, große Augen, großer Kopf, Brustflossen mit drei freien Hartstrahlen, Bauchflossen, erste Rückenflosse kürzer • **Größe:** bis 30 cm lang • **Alter:** ca. 8 Jahre

Diese Fische erzeugen mit der geteilten Schwimmblase ein dem Knurren ähnliches Geräusch. Sie sind mit drei bis vier Jahren geschlechtsreif, dann werden 200 000 bis 300 000 Eier ins freie Wasser abgelaicht und schweben. Mit circa drei Zentimeter Länge gehen die Larven zum Bodenleben über. Im Sommer kommen sie zahlreich im Dauerwasserbereich bis an die Küste. Als gute Schwimmer fressen sie kleinere Fische und Bodentiere.

# Die Kleinen:
# Tiere im Watt und am Strand

Die Beobachtung von Robben, Seehunden oder Vögeln am Strand und im Wattenmeer fordert den Besucher heraus. Man muss sich Beobachtungspositionen für diese Tiere erwandern, braucht Hilfe, Zielstrebigkeit und eventuell zusätzliche Informationen. Wer bereit ist, seine Aufmerksamkeit den kleineren Tieren zu schenken, hat es einfacher: Das »pralle Leben« findet direkt vor den eigenen Füßen des Watt- und Strandwanderers statt. Und er wird sehr bald bemerken, dass die »Kleinen« nicht weniger spannend sind als die »Großen«.

**Herauszufinden, wer da in Vielzahl diese Weite besiedelt und wie diese Tiere es schaffen, in Schlick und Sand unter den widrigen Umständen zu leben und zu überleben, ist die Mühe wert. Es beschert Entdeckungen und belohnt jeden – ob jung oder alt – mit dem Erkennen von Zusammenhängen, die einem die Natur und Umwelt der Nordsee ein Stück näherbringen.**

### Sand und Wasser schaffen Bedingungen für die Vielfalt der Tiere

Wenn wir Einsicht in die verschiedenen Aspekte dieser Landschaft gewinnen wollen, stellen wir fest, dass die Existenz der Tiere und Pflanzen auf der Verschiedenheit der Lebensräume beruht: Die Zusammensetzung der Sande und Böden, der ständige Wechsel der Strömungen, die Exposition der Standorte gegen den Angriff des Wassers oder des Windes, die Verfügbarkeit der Nährstoffe – alle diese Faktoren schaffen die speziellen Räume, in denen sich die Lebewesen entfalten.

Muscheln, Schnecken, Krebse, Nesseltiere, Stachelhäuter, Moostierchen und viele andere nutzen und bevölkern dieses Angebot. **Hier kann man im Kleinen verstehen, was der Begriff der »biologischen Vielfalt« bedeutet** und welcher wirkliche Schatz – im Unterschied zum vermeintlichen Schatz aus Gold oder Geldscheinen – in den Händen der Menschen liegt.

Abb. linke Seite: Von den Wellen auf ihren Schirm geworfene Ohrenqualle

# Nesseltiere und Schwämme

Bei einer Umfrage am sommerlichen Badestrand, welche Tierart am meisten gefürchtet wird, geraten die Quallen schnell in die Spitzenposition. Nicht zu Unrecht, denn manche nesseln bei Berührung sehr unangenehm. Sie haben kompliziert aufgebaute Nesselzellen mit Fangfäden, Gift, Widerhaken und Ähnlichem. Damit fangen und töten sie Kleintiere. **Bei einigen Arten kann die Reaktion der Haut auf eine Berührung sehr heftig ausfallen.** Die Blaue Haarqualle etwa hat sehr kräftige Nesselkapseln in den Zellen ihrer Fangtentakel. Deren Nesselfäden durchschlagen die menschliche Haut. Die häufige Ohrenqualle ist dagegen völlig harmlos.

Kompassqualle

### Quallen, Seeanemonen und Korallen gehören zu den Nesseltieren

Bei den Nesseltieren dient die äußere Zellschicht des Tieres dem Schutz und der Nahrungsgewinnung, mit der inneren verdauen sie. Bei den Quallen befindet sich dazwischen eine formfeste, aber elastische glockenförmige Gallerte. Sie schwimmen nach dem Rückstoßprinzip. Die Muskeln ziehen sich zusammen, ein Wasserschwall nach hinten beziehungsweise unten entsteht und bringt die Qualle ein Stückchen voran. Die Muskeln entspannen sich, der Schirm wird durch die Gallerte erneut aufgespannt, die Muskeln ziehen wieder zusammen und so fort. Quallen bestehen zu 98 Prozent aus Wasser. Am Strand bleibt von ihnen nur ein dünner Film.

**Quallen sind meist getrenntgeschlechtlich, es gibt also männliche oder weibliche Tiere. Ihre Kinder werden zu festsitzenden geschlechtslosen Polypentieren.** Diese wiederum geben im Frühjahr eine neue Generation als kleine Quallen ins Wasser ab. Bis zum Sommer wachsen sie zu den großen Schirmquallen heran. Verwandte der Quallen sind zahlreiche Arten von Polypentierchen. Sie sitzen fest, sind sehr klein und bilden Kolonien mit vielen Tieren, die wie kleine Pflanzenbüsche aussehen und oft im Herbst am Strand liegen.

**Schwämme** sind einfacher gebaut als die Nesseltiere, aber dennoch große, vielzellige Lebewesen. Ihre Zellen organisieren sich zu einer Außenschicht und einem inneren Röhren- und Höhlensystem. Begeißelte Zellen strudeln Wasser ein, aus dem andere die kleinen Planktonalgen herausfangen und verzehren.

### Brotkrumenschwamm
*Halichondria panicea*

**Aussehen:** gelb bis orange oder grünlich, an der Luft auch weißlich, scheinbar einer Teig- oder Knetmasse ähnlich; deutlich sichtbare Ausströmöffnungen • **Größe:** oft mehrere Zentimeter dick, bis 10–30 cm in der Fläche • **Alter:** bis 3 Jahre

Dieser Schwamm wächst auf Steinflächen, Muschelschalen oder den Haftorganen großer Algen. Er zerbröselt an der Luft durch Berührung mit der Hand wie angetrocknetes Brot. Mit seiner Körperform passt sich der Schwamm sehr der Wasserströmung und Umgebung an. Im Strandanwurf kann man ihn auf den ersten Blick mit Kunststoffschaum verwechseln.

### Bohrschwamm   *Cliona celata*

**Aussehen:** beim lebenden Schwamm gelblich gefärbte, bis 10 mm lange Ein- und Ausströmöffnungen; Löcher in den Schalen 2–5 mm, in Etagen galerieartig mit ca. 1–2 mm Abstand verbunden • **Größe:** in der Nordsee auf die Größe von Muschel- oder Schneckenschalen begrenzt

Der Bohrschwamm zieht sich an der Luft sofort zurück. Er bleibt für den Strandgutsammler unsichtbar und ist nur unter Wasser lebend zu sehen. Immer wieder findet man nur noch teilweise erkennbare Austernschalen mit bohrsiebartigen Löchern in der Schale. Er bevorzugt die weichen Schalen der Austern oder der Pantoffelschnecken, die er mit Säureeinsatz durchlöchert, um Platz für seine Zellen zu schaffen. Der Schwamm tötet die Muschel nicht, schwächt die Schale aber so sehr, dass sie schnell zerbricht und keinen Schutz mehr bietet. Auf Kalkfelsen im Kanal oder der Irischen See wächst er vermehrt im Wasserraum.

### Kompassqualle  *Chrysaora hysoscella*

**Aussehen:** mit braunen Winkeln auf durchsichtigem Schirm, 24 sehr lange Tentakel am Schirmrand, 4 Mundlappen (bis fünfmal länger als der Schirmdurchmesser) • **Größe:** bis 25 cm Ø • **Alter:** einjährig

Auf Kompassquallen trifft man im Sommer bis Frühherbst immer wieder. Sie sind durch den Kranz von zur Schirmmitte zeigenden Winkeln leicht zu erkennen. Während andere Quallen als Individuen entweder männlich oder weiblich sind, wechseln Kompassquallen ihr Geschlecht mit dem Alter von männlich zu weiblich. Sie verzehren Planktontiere und Kleinquallen. Der Kontakt muss nicht, kann aber bei manchen Exemplaren zu schmerzhaftem Brennen der Haut führen.

### Blaue Haar-/Nesselqualle  *Cyanea lamarckii*

**Aussehen:** blau, manchmal blassgelb gefärbt, zahlreiche Tentakel unter dem Schirm, 4 breite Mundlappen • **Größe:** 0,5 m lang, oft unter 15 cm Ø • **Alter:** einjährig

Bei Berühren der Tentakel brennt die Haut kurzzeitig schmerzhaft. Es besteht aber keine Gefahr für Nichtallergiker. Die Blaue Haarqualle frisst Rippenquallen, Kleinmedusen und kleine Planktontiere.

### Gelbe Haarqualle/Feuerqualle
*Cyanea capillata*

**Aussehen:** unter dem durchscheinenden Schirm dunkelgelb gefärbt, sehr zahlreiche Tentakel, 4 gefaltete Mundlappen • **Größe:** meist 20 bis maximal 50 cm Ø • **Alter:** einjährig

Die Feuerqualle erscheint im Frühjahr und Sommer und ernährt sich von Planktontieren bis hin zu kleinen Fischen. Ihre Nesselzellen durchschlagen auch die menschliche Haut, weshalb der Kontakt mit ihr sehr schmerzhaft ist.

## Wurzelmund-/Blumenkohlqualle
*Rhizostoma octopus*

**Aussehen:** spitz aufgewölbter, blauer Schirm; darunter 8 stabile Mundlappen, die an einen Blumenkohl erinnern • **Größe:** bis 40 cm Ø (Schirm) • **Alter:** mehrjährig

Die Wurzelmundqualle ist am Strand oder im Watt auffällig, weil sie einen hoch aufgewölbten Schirm und voluminöse, kräftige und verwachsene Mundlappen hat. Sie besitzt keine Tentakel, sondern strudelt durch feine Öffnungen der Mundlappen Planktonlebewesen ein. Sie nesselt nicht. Man nimmt an, dass große Exemplare im tiefen Wasser überwintern.

## Ohrenqualle *Aurelia aurita*

**Aussehen:** durchsichtiger Schirm, Kranz kurzer Tentakel am Schirmrand, vier auffällige, ohrenähnliche weiße Gebilde sind durch den Schirm zu sehen, 4 kurze Mundarme • **Größe:** bis 20 cm Ø • **Alter:** einjährig

Die Ohrenqualle erreicht ab dem Frühjahr eine Größe, in der wir sie bemerken. Sie kommt in manchen Jahren sehr zahlreich vor, in anderen nicht häufig. Bei Berührung ist sie für den Menschen auch in großen Mengen absolut harmlos. Die runden weißlichen Gebilde unter ihrem Schirm, denen sie ihren Namen verdankt, enthalten Geschlechtszellen (Männchen weiß, Weibchen rötlich).

## Seestachelbeere
*Pleurobrachia pileus*

**Aussehen:** oval-runder Gallertkörper mit 8 Rippen, beim lebenden Tier flimmern darauf Wimpernplättchen; zwei Fangtentakel • **Größe:** bis 3 cm (Körper), 75 cm Tentakellänge

Seestachelbeeren gehören zu den Rippenquallen – ihre Verwandtschaft mit den Schirmquallen wird bezweifelt. Sie fangen mit Klebezellen (nicht Nesselzellen) an zwei langen Tentakelarmen Plankton und schwimmen mit auf den Rippen sitzenden Wimpernplättchen, die auf dem Foto erkennbar sind. Im Sommer werden sie an den Strand geworfen. Ihre Berührung spürt man nicht.

**Polypenkolonien** sind kleine und entfernte Verwandte der Quallen. Die Polypentierchen (Obelia sp., rechts) – jedes in seinem Gehäuse – sitzen auf einem verzweigten Röhrengebilde, einer Pflanze ähnlich. Untereinander sind sie verbunden. Mit Tentakeln fangen sie kleinste Planktontiere und -algen. Mit bloßem Auge kann man sie nicht erkennen. Man findet sie in Prielen auf Muschelschalen und Ähnlichem, oft werden sie auch an den Strand geworfen.

### Zypressenmoos  *Sertularia cupressina*

**Aussehen:** pflanzenähnliche Gestalt, aber steif und farblos bis graubeige • **Größe:** oft 10–20 cm lang

Im Herbst findet man die Tierstöcke des Zypressenmooses an vielen Stränden, die Tiere sind dann schon tot (vergrößert linkes Bild, die Einzeltiere sind erkennbar, rechts der ganze Tierstock).

### Pferdeaktinie  *Actinia equina*

**Aussehen:** rot, braun bis grün, knapp 200 kurze Tentakel, an der Basis von dunklem Rand umgeben • **Größe:** bis 5 cm hoch

Pferdeaktinien findet man in der Gezeitenzone und tiefer auf Steinen, auch auf Fußscheiben oder an Stängeln von Großalgen.

### Schlickanemone  *Sagartia troglodytes*

**Aussehen:** grau-braun, bis 200 Tentakel, ausgestreckt (links) • **Größe:** bis 10 cm hoch

Die Schlickanemone gräbt sich im Boden ein und tarnt sich mit Muschelschill, Sand und Ähnlichem. Das Foto rechts zeigt ein ausgegrabenes Tier, das sich zusammengezogen hat.

Wattwürmer im Sylter Wattenmeer

# Vielborstige Ringelwürmer

Neben den Muscheln sind vielborstige Ringelwürmer die nach Anzahl und Aktivität wichtigste Tiergruppe im Watt. Entfernt sind sie mit den Regenwürmern verwandt. Ihr Körper ist aus hintereinandergereihten gleichen Abschnitten (Segmenten) aufgebaut. Jedem davon kann links und rechts ein Scheinfüßchen wachsen, das gegebenenfalls Borsten, Hautlappen und Kiemen trägt. Die Würmer bewegen sich am und im Boden, indem sie Segmente zusammenziehen und ausdehnen. Im Wasser schwimmen viele schlangenartig. Hinter der Mundöffnung befindet sich ein Schlund. Die großen Würmer können ihn ausstülpen und wie einen an der Spitze mit zwei Greifhaken besetzten Rüssel benutzen. Andere haben Wimpernfelder, mit denen sie Nahrungspartikel aus dem Wasser herbeistrudeln. Die Körperbewegung der Ringelwürmer funktioniert nach dem Prinzip der Hydraulik: Sie drücken mit Hilfe von Muskeln in der Außenhaut gegen die Flüssigkeit im Innenkörper.

Wattwurm mit ausgestülptem Schlund/Rüssel (im Foto oben links)

### Wattwurm als bekanntester Vertreter

Der Wattwurm verrät dem Wattwanderer seine Anwesenheit durch einen kleinen Berg aus »Sandspaghetti« mit einem daneben liegenden Trichter. **Das ist eines der Wattgeheimnisse: Wie kommen diese Sandhäufchen auf den Boden und die Trichter ins Watt?** Wattwürmer leben im Wattboden nicht so wie eine Fliegenmade im Käse – damit hätten wir sie völlig verkannt. Wattwürmer sind Spezialisten auf sehr hohem Niveau: Sie bauen sich einen »Wohnraum mit Gewerbebetrieb«, eine 50 bis 70 Zentimeter lange u-förmige Röhre, deren Enden die Oberfläche erreichen.

Ihre Grabwerkzeuge sind der Schlund/Rüssel und die sechs Brustringe. Sobald der Wurm das Blut in ihn einströmen lässt, stülpt sich der Schlund mit dieser hydraulischen Technik schnell ein bis zwei Zentimeter weit heraus. Zieht der Wattwurm seinen Schlund wieder ein, haften die Nahrungspartikel an den feinen Dornen und werden automatisch zum Darm geführt.

Der Schlund hat viele Zwecke und hilft auch beim Graben. **Der Wattwurm bildet erst mit seinem Kopf einen Keil, den er in den Wattboden drückt. Dann schiebt er seinen spitz gestellten Rüssel in den Boden. Den formt er anschließend zu einem dicken Wulst um, sodass er ihm als Anker und Festpunkt im Boden dient. Daran zieht der Wurm seinen Körper nach und gräbt erneut mit Kopf und Schlund.** Sobald möglich, holt er seine Brustsegmente in den Boden. Ihre kräftigen Borsten drückt er durch Dehnung der Segmente in das umgebende Watt, um sich zu verankern.

Wenn der Wattwurm tief in den Boden eingedrungen ist, muss er den Sand wegbekommen. Dazu benutzt er seinen Darm als Transportband. Die Wohnröhre kleidet er mit einem Mörtel aus Schleim und Bodenteilchen aus – so sackt diese Behausung nicht zusammen.

### Kopfüber

Seine Röhre bewohnt der Wattwurm mit dem Kopf nach unten. Er fasst alles (unter anderem Kleinalgen und Bakterien), was vom Wattboden in den Trichter gerät und die Fangröhre heruntersinkt, sogleich unten mit seinem Schlund und verzehrt es, den Sand eingeschlossen. Den scheidet er etwa alle 30 bis 40 Minuten aus, indem er rückwärts den zweiten Röhrenast hochklettert und sekundenschnell den Sand aus dem Darm schießt – so als würde man auf eine Zahnpastatube treten. Fische und Vögel können in diesem Moment sein Schwanzende packen. Es reißt dann ab, wächst jedoch nach. **Die Röhre befindet sich bis 40 Zentimeter tief im Wattboden. Hier gibt es keinen Sauerstoff, den der Wurm aber unbedingt zum Leben braucht. Er pumpt sich daher das Atemwasser von der Wattoberfläche nach unten.** In seinem Blut hat er den gleichen roten Blutfarbstoff (Hämoglobin) wie wir Menschen, der besonders gut Sauerstoff einlagert. Die Borsten halten den Abstand zur Röhre. So werden die Kiemen optimal vom Atemwasser umspült.

Wattwürmer sind nicht ortsfest. Ihre Eier entwickeln sich in der Wohnröhre der Mutter, die Larven leben dann im Plankton. Sie lassen sich im Winter auf tiefer gelegenem strömungsarmem Schlick nieder. Im nächsten Sommer geben sie eine Schleimboje ins Wasser ab, mit deren Hilfe die Flut sie bis nahe der Hochwasserlinie trägt, wo es die meisten Bodenalgen zu fressen gibt. Vor dem nächsten Winter reisen viele mit dieser Technik und dem Ebbstrom auf tiefer liegende eisfreie Flächen.

Kothaufen und Trichter des Wattwurms

### Wattwurm  *Arenicola marina*

**Aussehen:** Rot bis dunkelbraun; Gliederung: Kopf (auf dem Foto mit ausgestülptem Rüssel) 6 Brustsegmente, 13 Körpersegmente mit Kiemen, dünnes grünliches Schwanzende, das bei Männchen ½ des Körpers, bei Weibchen weniger lang ist • **Größe:** bis 20 cm lang • **Alter:** 4 Jahre

Wattwürmer sichern durch die Umschichtung des Bodens und den Verzehr der Bakterien dessen Sauerstoffversorgung, sodass auch andere Tiere im Boden leben können.

### Seeringelwurm
*Hediste (Nereis) diversicolor*

**Aussehen:** oft rötlich bis bräunlich gefärbt, teilweise mit grünlichem Schimmer, auffällig das rote Blutgefäß auf dem Rücken, klar abgesetzter Kopf, vier Augen, über 100 Segmente mit einem Scheinfüßchen und Borsten auf jeder Seite • **Größe:** über 10 cm lang • **Alter:** mehrjährig

Der sehr aktive Seeringelwurm kriecht im und auf dem Boden oder schwimmt elegant schlängelnd im Wasser. Er ist ein Raubtier, das vorne an seinem ausstülpbaren Rüssel zwei mächtige Kiefer trägt. Diese schlägt er in Watttiere und schlingt sie hinunter. Er lebt in einem verzweigten Röhrensystem mit verschiedenen Ausgängen zur Oberfläche (vgl. Sternspur S. 59).

## Bäumchenröhrenwurm
*Lanice conchilega*

**Aussehen:** bleich bis rot; mit einem Büschel dünner weißer Tentakel und 3 Paar roten, gefiederten Kiemen; Sandröhre mit Strauch aus Sandkornfäden, Röhre über 30 cm tief in den Boden reichend • **Größe:** bis über 20 cm lang • **Alter:** mehrjährig

Sandkrone des Bäumchenröhrenwurms

Stellenweise leben viele Bäumchenröhrenwürmer nebeneinander

Von Bäumchenröhrenwürmern sieht man auf dem sandigen Boden nur die mehrere Zentimeter hochstehenden Röhrenenden mit den Sandfäden, die im trockengefallenen Watt etwas zusammengedrückt aussehen. Im Wasser zeigt sich die Schönheit des Bauwerks mit Sandkörnern, Muschelschalenstückchen und anderen Materialien. Der Wurm lebt in der Wohnröhre. Bei Hochwasser stützt er mit dem Sandbauwerk seine etwa 100 feinen Tentakel. Damit fängt er aus dem strömenden Wasser kleinste Algen und Tiere. Auf Schlick findet man den Bäumchenröhrenwurm nicht. Bei einem Eiswinter sterben viele von ihnen.

## Kotpillenwurm
*Heteromastus filiformis*

**Aussehen:** blutroter Wurm ohne auffällige Anhänge, etwa 150 Segmente • **Größe:** bis über 10 cm lang, jedoch nur 1 mm dünn • **Alter:** bis 3 Jahre und älter

Wer im Schlickwatt gräbt, sieht den Kotpillenwurm als zarten roten Bindfaden im aufgeplatzten Boden. Er ist extrem dünn und verletzlich. Sein Kopf steckt 10 bis 20 Zentimeter tief im Boden in einem Gang mit Verzweigungen. Während er Kleinstlebewesen und Bakterien zusammen mit den Bodenkörnern in lebensfeindlicher Umgebung (schwarzer Schlick) frisst, hält er sein Hinterende zum Atmen ins Wasser. An den zahlreichen feinen Kotpillenhäufchen, die dunkelgrau oben auf dem Wattboden liegen, erkennt man seine Anwesenheit.

### Sandröhrenwurm
*Pygospio elegans*

**Aussehen:** gelblich, bis zu 60 Segmente, auffällig zwei lange Kopffühler • **Größe:** bis 1,5 cm lang

Im Watt ragen die feinen, mit Sandkörnern beschichteten Röhren des Sandröhrenwurms aus dem Boden. Er ist der häufigste kleine Sandröhrenbauer, der manchmal dichte Röhrenrasen bildet.

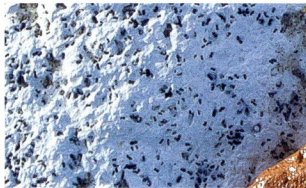

### Gewöhnlicher Polydorawurm
*Polydora ciliata*

**Aussehen:** gelblich bis braun, kräftige Borsten im fünften Segment, zwei lange Kopffühler, bis 180 Segmente • **Größe:** bis 3 cm lang

Kalksteine und Molluskenschalen zeigen oft die feinen Löcher des Gewöhnlichen Polydorawurms.

### Posthörnchenwurm
*Spirorbis spirorbis*

**Aussehen:** grünlich braun mit mehreren gefiederten Tentakeln; im Uhrzeigersinn spiralig aufgerollte, wenige Millimeter große Kalkröhre • **Größe:** bis 6 mm lang

Nur untergetaucht zeigt sich der Posthörnchenwurm. Die Nachkommen siedeln nahe den Eltern auf Blasentang, Braunalgen und selten Steinen (Helgoland).

### Dreikantwurm
*Pomatoceros triqueter*

**Aussehen:** braun und grünlich; leicht dreieckig abgeflachte Kalkröhre mit aufsitzendem Wulst (5–10 cm lang); Tentakelkrone farbenprächtig • **Größe:** 2–4 cm lang

Dreikantwürmer sind wie der Posthörnchenwurm reine Planktonfresser und siedeln auf allen geeigneten Unterlagen.

# Krebse

Der Einsiedlerkrebs (oben) ist mit seinem Schneckenhaus ein beliebter und putziger Geselle. Viele Krebse sind so flink und durchscheinend, dass man sie kaum sieht – wie die Nordseegarnele, die sich nur gekocht rosa färbt. Oder man hat ein etwas furchteinflößendes kräftiges Tier, das auf seinen Beinen seitwärts läuft und mit großen Scheren droht: die Strandkrabbe.
Lebende Krebse vergraben oder verstecken sich bei trockenem Watt. Bei fast jeder Wattwanderung findet man tote Strandkrabben oder Teile von ihnen. Die Körperteile können auch von noch lebenden Tieren stammen. **Der Panzer der Krebse ist ein Außenskelett – anders als beim Menschen wächst dieses nicht mit.** Krebse bilden daher periodisch einen neuen, zunächst weichen Panzer. Der alte platzt dann auf, das Tier steigt durch die Öffnung aus ihm aus und entfaltet die größere neue Haut. Die leere Hülle bleibt zurück. Strandkrabben sind Räuber und eine Art Hygienepolizei unter der Wasseroberfläche. Sie finden alle verzehrbaren Reste. Die Nordseegarnele lauert in der Nacht auf kleinere Tiere, die sie mit ihren sehr langen zweiten Antennen ertastet. Andere und unscheinbarere Krebse im Watt haben sich auf andere Nahrung spezialisiert. Der nur sechs Millimeter große Schlickkrebs bevorzugt die mikroskopisch kleinen Kieselalgen auf dem Wattboden. An Strandfunden wie Steinen sitzen die Seepocken, die anstelle eines Körperpanzers ein Gehäuse aus festen Kalkplatten bauen, das sie mit Deckelplatten verschließen. Bei Hochwasser öffnen sie diese Platten und keschern mit ihren Beinen nach Plankton im Wasser.

Hinterleibpanzer einer Nordseegarnele

## Gewöhnliche Seepocke
*Semibalanus balanoides*

**Aussehen:** Gehäuse aus 6 grauweißlichen, sehr festen, wulstigen Kalkplatten, 2 Paar Deckelplatten; Gehäuse kegelförmig, flach oder stärker aufgehöht • **Größe:** bis ca. 1,5 cm Ø • **Alter:** bis 5 Jahre

Die Gewöhnliche Seepocke lebt auf allen festen Flächen etwas unterhalb der Hochwasserlinie und tiefer. Unterhalb der Niedrigwasserlinie im ständig gefluteten Meer kommt sie nicht mehr vor (Gezeitenseepocke). Hölzer, Steine, Schiffsrümpfe, aber auch Muschelschalen oder die Gehäuse der Strandkrabbe werden von ihr besiedelt. Sie fängt mit ihren Reusenbeinen die mikroskopisch kleinen Planktonalgen aus dem Wasser. Wie alle Seepocken sind die Tiere Zwitter; sie begatten sich wechselseitig mit den ringsherum sitzenden Artgenossen. Die Eier werden im Gehäuse gehütet und die Larven im Frühjahr ins Plankton entlassen.

## Australische Seepocke
*Elminius modestus*

**Aussehen:** Gehäuse aus 4 grauweißlichen, dünnen Kalkplatten, bei älteren Tieren oft mit je 2 breiten Wulsten, 4 Deckelplatten; Gehäuse kegelförmig, flach, bei dichter Besiedlung stärker aufgehöht • **Größe:** bis ca. 1 cm Ø • **Alter:** bis 2 Jahre

Diese Seepocke war ursprünglich in Neuseeland verbreitet. Um 1940 wurden die Tiere in England nachgewiesen, von wo sie sich weiter ausbreiteten. Im Wattenmeer leben sie an und unter der Niedrigwasserlinie, kommen aber auch in der Gezeitenzone auf allen möglichen festen Materialien einschließlich Muschelschalen vor. Da sie eher wärmeres Wasser benötigen, geht ihr Bestand in Eiswintern erheblich zurück. Hauptfortpflanzungszeit ist das Sommerhalbjahr.

## Gekerbte Seepocke
*Balanus crenatus*

**Aussehen:** Gehäuse besteht aus 6 grauweißlichen, relativ glatten Kalkplatten und 4 beweglichen Deckelplatten, an der Öffnungsseite oft Kerben zwischen den Platten • **Größe:** bis 2 cm Ø

Diese Art findet man in der unteren Gezeitenzone und tiefer. Sie verträgt auch eine stärkere Wasserströmung als die zuvor genannten Arten. Die Fortpflanzung erfolgt im Winter. Im Februar werden dann die kleinen Larven aus der Fürsorge der Mutter ins Plankton entlassen.

## Einsiedlerkrebs
*Pagurus bernhardus*

**Aussehen:** rötlich braune bis gelbe Gliedmaßen, Augen auf Stielen, sehr lange Antennen, rechte Schere sehr groß, der sackförmige weiche Hinterkörper steckt im Schneckenhaus • **Größe:** bis ca. 3 cm langer Kopf-Brust-Panzer

Einsiedlerkrebse benötigen für den Schutz ihres sehr empfindlichen Hinterleibs ein passendes leeres Schneckengehäuse, in das sie »einziehen« können. Wenn sie wachsen, müssen sie ein größeres Haus finden und umziehen. Die größten Tiere leben deshalb tiefer im Wasser, wo sie leere Wellhornschneckengehäuse suchen. Der Krebs verschließt sein Haus mit der großen rechten Schere. Die ist nach der Häutung noch weich und passt sich an die Gehäuseform an. Sie sind Allesfresser, die mit ihrer kleineren Schere ununterbrochen die Umgebung nach Essbarem absuchen.

## Nordseegarnele (»Speisekrabbe«)
*Crangon crangon*

**Aussehen:** Körper durchscheinend und farblich dem Untergrund angepasst, vorne am Kopf zwei sehr lange Antennen, Mundgliedmaßen und Scheren klein, Brustsegmente zu Brustpanzer verwachsen, lange Schreitbeine, hintere Körpersegmente mit Schwimmfüßen • **Größe:** bis ca. 8 cm lang (Männchen deutlich kleiner) • **Alter:** mehrjährig

Sie hat viele Namen: Nordseegarnele, Granat, Krabbe. Aus zoologischer Sicht sind diese Tiere keine Krabben, sondern gehören in die Verwandtschaft der Garnelen. Für viele Urlauber ist es der höchste Genuss, sie frisch gekocht vom Kutter zu kaufen, sofort zu pulen und bald zu verzehren. Sie werden lebend ins kochende Wasser geworfen. Circa 15 000 000 Kilogramm werden jährlich an der deutschen Küste gefangen. Nordseegarnelen graben sich gerne ein und lauern auf kleine Beutetiere. Sie werden in der Nacht aktiv. In Prielen und wasserhaltenden Vertiefungen im Watt warten sie auf die nächste Flut. Wenn man mit der Hand oder dem Fuß langsam durchs Wasser streift, flüchten sie mit einem großen Satz und verraten sich damit. Die Weibchen legen mehrmals im Jahr zahlreiche Eier. Die kleinen Larven wachsen für ein bis drei Monate als Planktontiere auf und beginnen dann ihr Leben am Boden.

Im kochenden Wasser färbt sich das Krebsfleisch rot.

Nordseegarnelen werden oft von lokalen Fischern gefangen und verkauft.

## Strandkrabbe
*Carcinus maenas*

**Aussehen:** meist dunkel grün bräunlich gefärbter trapezförmiger Panzer, Unterseite und Beine oft heller; 4 große Laufbeinpaare und 2 große Scheren; Augen auf Stielen, Mundgliedmaßen und Hinterkörper auf der Unterseite • **Größe:** bis ca. 7 cm (m), Weibchen kleiner und mit breiterem, untergeklapptem Hinterkörper • **Alter:** bis 10 Jahre

Wenn sich Strandkrabben bedroht fühlen, werden sie aggressiv. Nach der Devise »Flucht ist die beste Verteidigung« laufen sie jedoch weg, sobald sie können. Die Scheren fügen keine Verletzungen zu, sie kneifen nur heftig. Wer sie von hinten am Rückenschild anfasst, ist mit seinen Fingern außerhalb der Reichweite der Scheren. Die Weibchen tragen oft orangefarbene Eier unter dem Bauch. Nach mehreren Monaten schlüpfen die Larven und leben im Plankton, bis sie sich zur Babykrabbe häuten und das Leben am Boden beginnen. Sie sind dann etwa einen Millimeter groß. Oft sieht man Tiere, denen ein Bein oder eine Schere fehlt. Das ist kein großer Schaden, da sie über die Fähigkeit verfügen, in lebensgefährlicher Situation ein Glied abzuwerfen (Autotomie), welches bei den nächsten Häutungen Stück für Stück nachwächst.

## Gewöhnliche Schwimmkrabbe
*Liocarcinus holsatus*

**Aussehen:** graublau bis grünbraun gefärbt; ähnelt der Strandkrabbe, jedoch leichter gebaut und schwächere Scheren, deutlicher Unterschied: letztes Beinpaar mit flachem Endglied, paddelartig • **Größe:** ca. 4 cm breit

Schwimmkrabben fangen als aktive Schwimmer ihre Nahrung auch im Wasser. Sie sind nur selten im Wattenmeer, eher am Nordseestrand zu finden.

## Taschenkrebs
*Cancer pagurus*

**Aussehen:** rötlich brauner, querovaler Panzer mit sehr kräftigen Scheren, 4 dünne Laufbeinpaare • **Größe:** bis über 15 cm lang (w), Männchen kleiner

Vor den Scheren des Taschenkrebses besteht keine Muschelschale und kein anderer Krebs: Sie fressen alles. Die Krebse leben im ständig untergetauchten felsen- und steinreichen Gebiet der Nordsee und auf Sand. Nach einem Sturm findet man sie gelegentlich am Strand.

## Schlickkrebs
*Corophium volutator*

**Aussehen:** weißlich grau gefärbt mit heller grauer und bräunlicher Zeichnung; Körper durch etwa gleiche Segmente unterteilt, langgestreckt, vorne beidseitig kräftiges Tast- und Kratzorgan (2. Antenne), bei den Weibchen kürzer • **Größe:** bis 10 mm (m) und bis 6 mm (w) • **Alter:** einjährig

Der Schlickkrebs ist der häufigste Krebs im Wattenmeer und erreicht manchmal Besiedlungsdichten von vielen tausend Tieren pro Quadratmeter. Man sieht ihn jedoch kaum, weil er so klein ist und zur Wattwanderzeit in seiner u-förmigen, von sternförmigen Kratzspuren umgebenen Wohnröhre sitzt. Sie sind eifrige Weidetiere der mikroskopisch kleinen Bodenalgen. Es gibt deutlich mehr Weibchen als Männchen (Foto). Die Männchen begeben sich von Röhre zu Röhre auf eine gefahrvolle Suche nach einem begattungswilligen Weibchen. Schlickkrebse vermehren sich etwa dreimal im Jahr. Die Weibchen pflegen die Eier unter ihrem Hinterleib. Nach zwei Wochen schlüpfen die einen Millimeter großen Jungtiere. Sie verlassen nach einigen Tagen die mütterliche Wohnröhre und machen sich auf die Suche nach einem eigenen Wohnplatz. Ähnlich ist *Corophium arenarium*, der eine salzreichere Umgebung auf Sand-Mischwatten bevorzugt.

### Klippenassel  *Ligia oceanica*

**Aussehen:** braungrau bis dunkeloliv gefärbt, flacher Körper, sehr große Augen, Antennen fast zwei Drittel der Körperlänge • **Größe:** bis 3 cm lang • **Alter:** bis 3 Jahre

Die Klippenassel ist die größte Landasselart. Sie ist dämmerungs- und nachtaktiv, versteckt sich blitzschnell und frisst Kleintiere und Pflanzenreste. Die Assel lebt oberhalb der Hochwasserlinie auf Felsen und an Uferabbrüchen.

### Strandfloh  *Talitrus saltator*

**Aussehen:** weißlich bis gelblich grauer Körper, Segmente erkennbar, untergeklappter Hinterkörper, große Augen • **Größe:** ca. 2 cm lang

Der Strandfloh lebt oft unter Grassoden oder im Sand eingegraben. Er springt bis 30 Zentimeter weit und ist nachtaktiv.

### Schuppiger Furchenkrebs
*Galathea squamifera*

**Aussehen:** grünlich brauner Körper mit roten Stachelspitzen, sehr lange Scherenfüße, untergeschlagener Hinterkörper • **Größe:** Kopf-Brust-Panzer ca. 3 cm lang

Der Furchenkrebs lebt ständig unter Wasser in Felsengebieten wie um Helgoland.

### Gewöhnliche Entenmuschel
*Lepas anatifera*

**Aussehen:** weiße Schalen, kräftiger brauner Stiel, braune Fangarme • **Größe:** Körper bis 5 cm, Stiel länger

Entenmuscheln sind Verwandte der Seepocken und sitzen oft auf Treibgut des Ozeans, das angespült wird. Sie keschern mit langen Fangarmen nach Planktontieren.

# Schnecken

Schnecken nehmen ihr Haus mit. Sie gehören mit den Muscheln zu den Weichtieren und kommen an ihre Nahrung, indem sie sich fortbewegen. Dazu haben sie eine besondere und vielseitig einsetzbare Technik entwickelt: das Wellengleiten. Sie gleiten aber nicht oben auf einer vorhandenen Welle, sondern erzeugen diese selbst und »reiten« auf ihr über den Untergrund. Mit Hilfe ihrer Fußsohle formen sie hinten eine feine Welle nach der nächsten. Diese laufen dann von dort nach vorne zur Kopfseite des Fußes. Zusätzlich geben Schnecken eine dünne Schleimschicht auf den Boden, auf der sie mit dem großen Fuß besser gleiten. Eine tolle Fortbewegung, mit der sie Glaswände hochlaufen oder Abgründe überbrücken können. Ihre Nahrung sind Kleinalgen- oder Bakterienbeläge auf Steinen, Tangen oder dem Wattboden, größere Algen, Tiere oder Aas. Statt zu beißen, raspeln Schnecken mit der Zähnchen tragenden Zunge (Radula) an der Nahrung.

Die Raubtiere unter ihnen überfallen eingegrabene oder festgeklebte Muscheln oder festgekittete Krebse und fressen sie auf. **Schnecken sind im Meer fast überall präsent – nicht nur auf Steinen, Pflanzen und dem Meeresboden. Es gibt sogar viele Arten, die als elegant schwimmende Nacktschnecken im freien Wasser, dem Pelagial, zu Hause sind.** Wer im Wattenmeer nach Schnecken sucht, tut sich manchmal schwer, sie zu finden, denn die häufigsten sind zugleich schnell zu übersehen: Die Wattschnecke ist klein und an das Leben an der Oberfläche von Schlick und feinem Sand angepasst. **Sie vergräbt sich bei Niedrigwasser. An manchen Stellen leben Wattschnecken zu Zehntausenden auf einem Quadratmeter.** Sie sind empfindliche kleine Grazien, deren Gehäuse schnell zerdrückt wird. Sehr viel kräftigere Schalen haben die Strandschnecken (siehe Foto). Deren Gehäuse widerstehen mühelos dem Fuß eines Wattwanderers.

## Pantoffelschnecke  *Crepidula fornicata*

**Aussehen:** rotbräunlich gefärbt, Gehäuse weniger als 2 Windungen; von unten erinnert Form an einen Pantoffel • **Größe:** bis ca. 5 cm lang • **Alter:** mehrjährig

In der Kette der bis zu zehn und mehr aufeinandersitzenden Tiere sind die oben festgehefteten jung und männlich, die Alttiere unten weiblich und die in der Mitte steril. Die Art gelangte 1870 mit Austern von Nordamerika nach Europa, 1934 wurde sie erstmals im Wattenmeer vor Sylt gesehen. Pantoffelschnecken fangen mit Hilfe eines Schleimnetzes Plankton. Wegen ihrer Frostempfindlichkeit sind sie nach Eiswintern selten.

## Aschgraue Kreiselschnecke
*Gibbula cineraria*

**Aussehen:** gelblich bis grau gefärbt mit quer zur Windung verlaufenden dunklen Streifen, Gehäuse kegelförmig mit 5–6 kleine Längsrippen tragenden Windungen, innen perlmuttig durchscheinend • **Größe:** bis ca. 2 cm • **Alter:** mehrjährig

Die Kreiselschnecke verzehrt Kleinalgen, Bakterienaufwuchs auf Felsen und Großalgen, sie lebt unter anderem im Helgoländer Felswatt, wo man sie auch am Strand findet. Die Schnecke geht bis über 130 Meter tief ins Meer hinunter. An dem ovalen Fuß wachsen ihr beidseitig drei große Fühler, mit denen sie nahe Feinde wahrnimmt.

## Gewöhnliche Strandschnecke
*Littorina littorea*

**Aussehen:** schwärzlich bis bräunlich gefärbt, Gehäuse robust und stumpf kegelförmig, letzte der bis zu 7 Windungen sehr groß, feine Längs- und Querstreifen, Nähte der Umgänge nicht vertieft • **Größe:** bis 3 cm lang • **Alter:** bis 10 Jahre

Im Watt machen sich diese Strandschnecken stellenweise rar, aber an Muschelschalen, Steinen und größeren Bauwerken findet man sie bei abgelaufenem Wasser, auch im Schutz des Blasentangs oder in Fugen und kleinen Höhlungen. Die Gewöhnlichen Strandschnecken überleben notfalls mehrere Wochen außerhalb des Wassers – sie verschließen dann ihr Gehäuse mit dem Deckel und kleben sich am steinigen Untergrund fest. Zugleich lassen sie einen feinen Luftgang frei, durch den sie Sauerstoff zum Atmen bekommen. Solange das Wasser es erlaubt, kriechen sie auf der Unterlage und raspeln mit ihrer Zunge Kleinalgen, Bakterienkolonien oder Kleintiere vom Untergrund ab. Das Weibchen übergibt die befruchteten Eier der Flut. Sie entwickeln sich im Plankton.

## Raue Strandschnecke
*Littorina saxatilis*

**Aussehen:** dunkelgrau bis braungelb, Gehäuse längs oder quer gerieft, oft 3–4 Windungen • **Größe:** bis 18 mm lang • **Alter:** bis 6 Jahre

Die Raue Strandschnecke ist der obigen Art ähnlich, jedoch ist die Naht der Umgänge vertieft, und die Wand des letzten Umgangs trifft im rechten Winkel auf das Gehäuse (dagegen bei der Gewöhnlichen Strandschnecke im spitzen Winkel). Sie lebt im oberen Gezeitenbereich. Befruchtete Eier werden von der Mutter im Schneckenhaus behalten, bis die kleinen Jungschnecken es verlassen.

## Gewöhnliche Wattschnecke  *Peringia (Hydrobia) ulvae*

**Aussehen:** bräunliches, bei sauerstoffzehrenden Bedingungen im Boden auch schwarz gefärbtes Haus, leere auch weißlich; spiralförmig gewundenes, gleichmäßig konisch zunehmendes zartes Gehäuse, Naht zwischen den Windungen nicht vertieft, 6–7 Windungen • **Größe:** bis ca. 6 mm lang • **Alter:** bis 5 Jahre

Die Wattschnecke kommt bis in den oberen Bereich des Wattenmeeres vor, wo sie die hier besonders häufigen Kleinalgen (Bodendiatomeen) und Bakterien an der Bodenoberfläche abweidet. Wenn das Wasser weggeht, vergraben sich diese Schnecken im Schlick oder Sand und verschließen ihr Gehäuse mit dem Deckel. Wattschnecken gehören zu den Reisenden im Wattenmeer: Sie heften sich mit dem Fuß ans Oberflächenhäutchen des Wassers oder lassen einen Schleimfaden ins Wasser aufsteigen. Mit der Ebbe treiben die Schnecken ins tiefere Wasser oder mit der Flut ins Flachwasser. Ihre für die Fortbewegung ausgelegten Schleimpfade und die ausgeschiedenen Kotpillen festigen die Schlickwattoberfläche.

Sie vermehren sich im Frühjahr/Sommer mit planktonischen Larven.

Der etwa zwei mal fünf Zentimeter große Wattbodenausschnitt oben ist von Schnecken durchgewühlt und besteht nur noch aus Kotpillen. Zahlreiche vergrabene Schnecken sind als schwarze Punkte zu erkennen.

Ähnlich sind *Hydrobia ventrosa* und *H. neglecta*, jedoch sind die Windungen von deren Gehäuse bauchiger und weniger in der Anzahl. Beide leben in Ästuaren und Lebensräumen mit geringerem Salzgehalt.

Blick auf die Schneckenunterseite mit Fuß, Augen, Fühler und Schnauze

## Wellhornschnecke  *Buccinum undatum*

**Aussehen:** bräunliches bis grau-weißes Gehäuse, kann noch von der braunen Schalenhaut (Periostrakum) überzogen sein; spiralig gewunden, mit deutlich eingetieften Nähten und quer verlaufenden »Wellen« auf den Umgängen, letzte Windung nimmt mehr als die Hälfte der Schale ein • **Größe:** bis ca. 10 cm lang • **Alter:** bis ca. 15 Jahre

Für Nordseeküste und Wattenmeer ist die Wellhornschnecke die »Riesin« unter den Schnecken. Man findet meist leere Schalen, weil sie weiter weg am ständig untergetauchten Boden der Nordsee lebt. Durch die Verwendung von Tributylzinnhydrid in Schiffsanstrichen gelangte ein Gift mit hormoneller Wirkung ins Meer. In der Folge bildeten sich bei weiblichen Tieren männliche Sexualorgane, und sie wurden unfruchtbar. Wellhornschnecken reagieren da sensibel: Die Tierzahlen sind seit Jahrzehnten rückläufig.

Wellhornschnecken sind Raubtiere, die Muscheln, Seeigel und Ringelwürmer erbeuten. Mit ihrem feinen Geruchsorgan finden sie auch Aas über weite Entfernungen. Die Schalen der Wellhornschnecke findet man eher selten. Häufiger sind die leeren Gehäuse der Eigelege (Foto unten). In jeder einzelnen dieser Kapseln waren viele hundert Eier, von denen sich nur einzelne zu einer fertigen kleinen Schnecke entwickeln. Die Masse der Eier ist unbefruchtet und dient als Nahrung.

# Muscheln

Ob am Strand oder auf dem Watt, man findet eigentlich immer große Mengen an Muschelschalen. Mal sind sie alle ähnlich und gehören nur wenigen Arten an, mal kommen noch weitere dazu. Manchmal sind auch lebende Muscheln zwischen den Fundstücken. Da wundert man sich über die Kraft, mit der die Schale von diesem kleinen Tier geschlossen gehalten wird. Wer sie ins Meer zurückwirft, gibt ihr eine Chance weiterzuleben.

**Legt man die lebende Muschel in ein Glas mit etwas Seesand und frischem kaltem Meerwasser, dann öffnet sie bald vorsichtig ihre Schalen und beginnt mit ihrer Ein- und Ausstromöffnung (Siphonen) Wasser ein- und auszustrudeln. Nach kurzer Zeit »spuckt« sie die von ihr filtrierte Trübe des Wassers in Schleim eingepackt durch die Ausstromöffnung aus. In der Höhle zwischen den Schalen sitzen die oft blattartigen und durchbrochenen Kiemen und der Muschelkörper.**

Die Muschel hat einen Darm mit Öffnungen für Mund und After und muss die vielen Reize aus ihrer Umwelt mit ihren Nerven und zwei Nervenknoten (»Gehirn«) verarbeiten. Ein einfaches Herz pumpt ihr farbloses helles Blut durch den Körper. Fühlt sie sich sicher, schiebt sie ihren »Fuß« zwischen den Schalen heraus und versucht, sich schnell in den Sand einzugraben. Das gelingt jedoch nur, wenn genügend Sand da ist.

Eine Herzmuschel versucht, sich mit ihrem Fuß einzugraben. Ein- und Ausstromöffnung sind zu erkennen.

# Was Muschelschalen zeigen

Wenn zwei Muschelschalen noch zusammenhängen, erkennt man, was sie verbindet: das dunkle, kräftige Schlossband (Ligament). Innen sitzen unter dem Schlossband Rundungen, Leisten und Zähnchen, die ineinandergreifen – das Schloss. Die Schalen in geschlossenem Zustand gegeneinander zu verschieben ist dadurch nicht möglich. Das Schlossband sichert die Schalen und hält sie zugleich auseinander. Es hat meist zwei starke Gegenspieler, die Schließmuskeln. Sie ziehen die Schalenhälften zusammen. Von deren Kraft kann das Muschelleben abhängen. Öffnen wir die Muschel mit Gewalt, verletzen wir sie, und sie wird sterben.

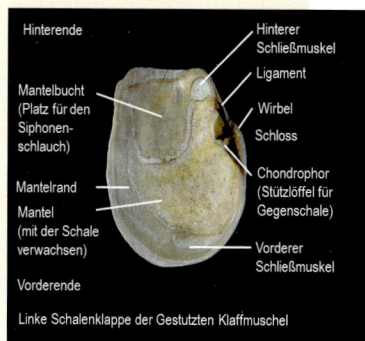

Merkmale an der Schale einer Muschel, dargestellt am Beispiel der Gestutzten Klaffmuschel

Jede Muschel fängt klein an. Der älteste Teil der Muschelschale bleibt als Wirbel erhalten, die umlaufenden Wachstumsstreifen und Zeichnungen der Schale gehen von diesem Wirbel aus. Ein Mantelgewebe umhüllt den Weichkörper der Muschel – es bildet eine Außenhaut (Periostrakum) mit Schale, das den Wasserein- und -ausstrom leitende Gewebe (Siphonen) und den der Innenschale anliegenden Mantel. Dieser und die Muskeln hinterlassen Spuren an der Schale. So lässt der Mantel für die Siphonen den benötigten Platz. Diese sogenannte Mantelbucht zeigt gleichzeitig das Hinterende der Muschel an.

Miesmuschelbank im Wattenmeer

## Miesmuschel
*Mytilus edulis*

**Aussehen:** innen perlmuttähnlich, außen blau- oder bräunlich schwarz; typisch ist die Form des vom Wirbel aus langgezogenen Löffels • **Größe:** 8–10 cm lang • **Alter:** bis 10–12 Jahre

Die Miesmuschel braucht einen festen Untergrund, an dem sie sich anheften kann. Hierfür produziert sie das im Wasser klebende sowie erhärtende »Byssus« in einer Drüse und verwendet es mit der Fußspitze. Gern befestigen sich die Muscheln an Bauwerken oder aneinander. So entstehen Muschelklumpen, die nahe der Niedrigwasserlinie große Muschelbänke bilden können. Seit einigen Jahren wandert die Pazifische Auster in die Miesmuschelbänke ein. Die Miesmuschel erträgt es, für einige Stunden trockenzufallen.

## Pazifische Auster
*Crassostrea gigas*

**Aussehen:** graue Schale mit kräftigen strahlenförmigen Rippen, scharfkantig, linke Schalenhälfte bauchig, die rechte ist flach • **Größe:** nach zwei Jahren werden 7–8 cm und 70–100 g erreicht, bis 40 cm lang • **Alter:** mehrjährig

Sobald die Larve der Pazifischen Auster zum Bodenleben übergeht, zementiert sie die linke Seite mit einer Drüse am Fuß auf eine feste Unterlage. Heranwachsende sind erst männlich, später weiblich. Die Auster wurde 1964 in Holland eingeführt, 1986 vor Sylt. Seit 1990 vermehrt sie sich massiv im Wattenmeer vom Schlick bis in die Muschelbänke. Ausgewachsen hat sie keine Feinde und profitiert vom Klimawandel. Kalte Winter und Sommer reduzieren Bestand und Vermehrung. Die Weltjahresproduktion umfasst vier bis fünf Millionen Tonnen.

## Europäische Auster
*Ostrea edulis*

**Aussehen:** oft gelblich und bräunlich gezeichnete, vielschichtige, leicht innengewölbte, dicke linke Schale, lagenweise gerippt, rundliche Form; rechte Schale flacher mit versetzten Schichten • **Größe:** bis 15 cm lang • **Alter:** bis 30 Jahre

Sie zementiert sich mit der linken Schale (im Foto unten) an einen festen Untergrund. Europäische Austern bildeten früher große Bänke in der Nordsee, unter anderem vor Helgoland. Durch die Untersuchung einer solchen Austernbank entdeckte Karl Möbius 1877 grundlegende Zusammenhänge der biologischen Umweltforschung: die Lebensgemeinschaft und den Biotop. Durch Übernutzung und Grundnetze der Fischtrawler sind die Austernbänke inzwischen weitgehend zerstört. Tiere leben noch an und unter der Gezeitenzone.

## Pferdemuschel
*Modiolus modiolus*

**Aussehen:** blauschwarz bis bräunliche, in Längsrichtung oft leicht gebogene kräftige Außenschale, Innenseiten kalkig weiß, blauer großer hinterer Schließmuskelansatz • **Größe:** oft unter 10 cm

Die Pferdemuschel kann mit der schlankeren und feineren Miesmuschel verwechselt werden. Diese Muscheln leben unterhalb der Niedrigwasserlinie bis 150 Meter tief.

## Herzmuschel
*Cerastoderma edule*

**Aussehen:** Schalen sind oft von weiß über gelb bis hellbraun, auch dunklere Farben; etwa 24 strahlenförmige starke Rippen, umlaufende Kanten, gekerbter Schalenrand • **Größe:** Einjährige kaum zentimetergroß, Mehrjährige 3–5 cm • **Alter:** bis 5–10 Jahre

Die Herzmuschel ist neben der Baltischen Plattmuschel die häufigste und lebt eingegraben wenige Zentimeter unter der Bodenoberfläche. Bei hoher Besiedlungsdichte sitzen mehrere hundert in einem Quadratmeter Schlicksand. Sie ist essbar und wurde früher auch im deutschen Wattenmeer gefischt, heute nur noch begrenzt in den Niederlanden. Die Fangnetze haben unterseits schwere Ketten, die alles Bodenleben zerstören. Mit ihren Rippen sind die Muscheln fest im Boden verankert. Dennoch wandern und graben sie mit ihrem Fuß im lokalen Bereich. Im tieferen Wasser laufen sie vor ihrem Erzfeind, dem Seestern, über den Meeresboden davon.

### Gefährliche Saugwürmer

Herzmuscheln leiden wie Strandschnecken, Plattmuscheln, Schlickkrebse und andere oft unter Parasiten (Saugwürmer/Trematoden). Diese schädigen die Muscheln und veranlassen sie, sich auffällig zu verhalten, damit Vögel sie fressen. In den Vögeln vollzieht der Parasit dann seine letzte Umwandlung zum Geschlechtstier. Durch eine von einem Parasiten befallene kleine Herzmuschel entstand vermutlich diese Grabspur (Foto), die sich bei Niedrigwasser auffällig entlang der Schlickoberfläche bewegte. Immer wieder lösen Parasiten auch Massensterben der genannten Arten aus. Experten vermuten einen Zusammenhang mit der Eutrophierung (Nährstoffanreicherung) der Nordsee.

## Baltische Plattmuschel/ »Rote Bohne« *Macoma balthica*

**Aussehen:** Schalenfarben außen oft weiß, gelb oder rötlich, innen meist rötlich; konzentrische Streifen, Schale kräftig • **Größe:** bis 3 cm lang • **Alter:** bis 7 Jahre

Flächenweise ist die Baltische Plattmuschel die häufigste Muschel, ihre Schalen findet man fast überall. Sie liegt eingegraben auf einer Seite wenige Zentimeter unter der Bodenoberfläche. Diese Muscheln besitzen zwei getrennte schlauchartige Siphonen, die zur Oberfläche ausgefahren werden. Mit der langen Einstromöffnung saugt sie Bodenbakterien, Kleinalgen (z. B. Kieselalgen) und alles ein, was auf den Boden hinuntersinkt. Die Spitzen der Siphonen werden oft durch Räuber (Fische, Krabben) abgebissen, wachsen aber nach.

## Gedrungene Trogmuschel
*Spisula subtruncata*

**Aussehen:** weiß bis cremefarben, außen stumpf mit feinen konzentrischen Rillen, innen glänzend • **Größe:** bis 3 cm • **Vorkommen:** auf Schlicksand

## Dickschalige Trogmuschel
*Spisula solida*

**Aussehen:** Schale oval, kräftig, weiß bis beige mit umlaufenden Farblinien, große Mantelbucht • **Größe:** bis 5 cm lang • **Vorkommen:** Dauerwasser auf Sand

## Teppichmuschel
*Venerupis corrugata*

**Aussehen:** weißlich orange, braun; dicht umlaufende und radiär gerippte, kräftige Schale, sehr große Mantelbucht • **Größe:** bis 6 cm lang • **Vorkommen:** Dauerwasser

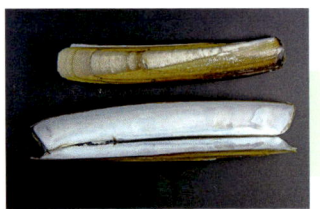

## Amerikanische Schwertmuschel
*Ensis directus*

**Aussehen:** oft mit gelb-grüner Schutzhaut, Wirbel am Vorderende (im Foto links), Schale gebogen • **Größe:** bis 17 cm lang

## Strahlenkörbchen
*Mactra stultorum*

**Aussehen:** weißlich; braune umlaufende und helle, zum Wirbel gerichtete Streifen; Schale fein und dünn • **Größe:** bis 5 cm lang

## Große Pfeffermuschel
*Scrobicularia plana*

**Aussehen:** weiße, zerbrechliche, rundlich-ovale Schale mit Riefen; Wirbel wenig markant • Größe: 5–6 cm lang • **Vorkommen:** bevorzugt Schlick

## Sägezähnchen
*Donax vittatus*

**Aussehen:** außen weiß-gelblich, innen violett gefärbte, länglich-schmale Schale mit fein gesägtem Rand, Vorderseite länger • **Größe:** bis 3 cm lang

## Gestreifte Venusmuschel
*Chamelea striatula*

**Aussehen:** bräunlich helle, umlaufend gerippte Schale mit oft drei breiten, vom Wirbel herablaufenden braunen Streifen • **Größe:** bis 4 cm

## Sandklaffmuschel
*Mya arenaria*

**Aussehen:** Schalen weißlich, Außenhaut bräunlich, manchmal durch umgebenden Boden schwärzlich gefärbt, mit umlaufenden Anwachsstreifen; hinten spitzer, mit auseinanderklaffenden Schalen, linke Klappe mit Stützfortsatz • **Größe:** Schale 10–15 cm, Sipho bis 30 cm lang • **Alter:** bis 20 Jahre

Die Jungmuscheln reisen mit Schleimfäden, die sie ins Wasser aufsteigen lassen, und der Strömung. Mit zunehmendem Alter und Größe sind sie an den Standort gebunden. Alte Tiere sitzen 30 bis 50 Zentimeter tief im Sand-Schlickwatt. Wenn ein Priel seinen Lauf ändert, werden sie freigespült und sterben. Ihre Ein- und Ausstromschläuche werden von einer gemeinsamen festen Hülle umgeben (Foto eines Präparats aus dem Skagen Odde Naturcenter, links). An der Wattoberfläche ist nur eine im Durchmesser ein bis zwei Zentimeter messende Vertiefung mit einem Loch zu sehen. Bei Erschrecken zieht sie die Siphonen ruckartig ein, und das darin enthaltene Wasser spritzt hoch.

## Gestutzte Klaffmuschel
*Mya truncata*

**Aussehen:** weißlich bis bräunlich, stark geriefte Schale, klafft auseinander, Sipho voll zurückziehbar, kräftiger Grabfuß • **Größe:** bis 7 cm lang

Diese Klaffmuschel lebt bis 20 Zentimeter tief eingegraben von der unteren Gezeitenzone bis ins tiefere Meer.

## Schiffsbohrmuschel
*Teredo navalis*

**Aussehen:** Bohrgänge im Holz z. T. mit Kalk ausgekleidet, Schalen weiß, Muschelkörper wurmartig • **Größe:** Schalen ca. 1 cm Ø, Körper bis 20–30 cm lang

Sie wird Schiffsbohr*wurm* genannt, weil sie sich wie ein Wurm durch totes Holz arbeitet. Die Muschel benutzt ihre beiden geschrumpften Schalen als Bohrkopf, dahinter liegt der weiche Muschelkörper im Gang. Diesen kleidet sie gerne mit Kalk aus (siehe Foto). Sie lebt von abgeraspeltem Holz und dem Plankton aus ihrem Atemwasser. Schiffsbohrmuscheln lehrten Christoph Kolumbus das Fürchten, als seine Schiffe in der Karibik zerfressen wurden. Er und seine Nachfolger brachten die Muscheln nach Europa. Seit Jahrhunderten durchlöchern sie hier das Holz der Hafenanlagen.

## Amerikanische Bohrmuschel
*Petricola pholadiformis*

**Aussehen:** gelblich weiß, Schale langgestreckt, sehr zahlreiche um- und zum Wirbel laufende Kanten, vorne als Sägekanten • **Größe:** bis 6 cm lang

Diese Bohrmuschel ist die häufigste der verschiedenen Bohrmuschelarten und wurde vor 100 Jahren eingeschleppt.

## Weiße Bohrmuschel
*Barnea candida*

**Aussehen:** weiß; dünne langovale Schale, feine umlaufende und zum Wirbel verlaufende Rippchen, Schalenrand vorne umgeschlagen • **Größe:** bis 6 cm lang

Die Weiße Bohrmuschel bohrt in Ton, Torf, Holz und Kreide.

## Krause Bohrmuschel
*Zirfaea crispata*

**Aussehen:** stumpfe und oft weiße, stark gewölbte Schale mit umlaufenden, am Vorderende gezackten Riefen, mittig Querrille, beide Enden klaffend • **Größe:** bis 10 cm lang

Die Krause Bohrmuschel bohrt in Torf und Lehm.

# Tintenfische

Strandwanderer finden von den Tintenfischen nur eine Art Innenskelett, den weißen Rückenschulp (siehe Foto), ein aus zahlreichen Lamellen aufgebautes flaches Kalkgebilde mit einer feinen Spitze an einem Ende. **Tintenfische können nicht nur einen dunklen Farbstoff ausstoßen, sie sind intelligente und vielseitige Augentiere, die den Fischen in nichts nachstehen. Sie sind mit ihrer Intelligenz, den Augen, der Geräuschwahrnehmung, dem Blutkreislauf und vielem anderen den Wirbeltieren vergleichbar, auch wenn die entsprechenden Organe anders aufgebaut sind.** Insofern ist die Namensgebung voll gerechtfertigt, aber ihre Verwandtschaft sind die Weichtiere, nicht die Fische. Zur Fortpflanzung treffen sich Tintenfische beispielsweise in dem niederländischen Meeresarm Oosterschelde. Liebestolle Tintenfische erstrahlen dann in den buntesten Farben, bevor die Partner sich finden und das Weibchen ein Samenpäckchen vom Männchen akzeptiert.

© Hans Hillewaert

### Tintenfisch
*Sepia officinalis*

**Aussehen:** schnelle Farbwechsler je nach Stimmung oder an die Umgebung angepasst, große Augen, flacher Körper mit umlaufendem Flossensaum, 10 Fangarme, davon 2 verborgen (ausgefahren ca. doppelte Länge) • **Größe:** bis 30 cm lang • **Alter:** mehrjährig

Zwischen Borkum, Sylt und dem Wattenmeer findet man nur die weißen Rückenschulpe junger, selten ausgewachsener Tiere. Größere Artbevölkerungen sind aus Südnorwegen und den südlichen Niederlanden bekannt. In der südöstlichen Nordsee sind sie seit 50 Jahren selten, man vermutet als Grund ihre Tötung durch intensive Fischerei mit Grundnetzen.

## Stachelhäuter und weitere Spezialisten

Es gibt neben Krebsen, Muscheln, Schnecken, Quallen und anderen kleinen Tieren zahlreiche und sehr verschiedene weitere hochspezialisierte Tiere. Manche davon werden gelegentlich an den Strand gespült. Einige der häufigeren werden in diesem Kapitel vorgestellt.

### Gewöhnlicher Seestern
*Asterias rubens*

**Aussehen:** alle Farben von Rot über Blau bis Gelbbraun, nach oben zeigende Rückenseite mit zahlreichen kleinen Höckern, unter denen sich kleine Skelettspitzen verbergen, zentrale Körperscheibe und meist 5 Arme • **Größe:** bis 30 cm

Seesterne bewegen sich mit kleinen Saugfüßchen auf der Bauchseite und können jeden ihrer Arme als Leitarm wählen. Sie fressen gerne Muscheln, indem sie sich auf die Muschel setzen und sie mit Kraft auseinanderziehen, bis die Muschel erschöpft ist und wegen Sauerstoffmangel nachgibt. Dann stülpen die Seesterne den Magen aus und verdauen die Muschel zwischen ihren eigenen Schalen. Sie leben unterhalb der Niedrigwasserlinie und werden gelegentlich bei Sturm angespült (vgl. S. 64).

### Strandseeigel
*Psammechinus miliaris*

**Aussehen:** grün und violett gefärbt, gleichmäßig mit Stacheln besetzt, Mundöffnung mit Zähnen auf der abgeflachten Unterseite • **Größe:** bis 4 cm Ø

Strandseeigel leben dauernd im Wasser. Ihr Skelett setzt sich aus kleinen Kalkplatten zusammen. Nach dem Tod lösen sich die Stacheln ab. Der Seeigel verzehrt Algen und Kleintiere.

Abb. oben:   Lebendtier (Mundseite)
Abb. unten:  Angespültes Gehäuse

### Essbarer Seeigel
*Echinus esculentus*

**Aussehen:** Kalkskelett rötlich bis violett, teils hell gefärbt, mit kurzen hellen Stacheln in radiärer Anordnung, Gehäuse fast kugelförmig • **Größe:** bis 15 cm Ø

Früher wurde dieser Seeigel wegen seiner prallen Keimdrüsen oft verzehrt. Sein Skelett zerfällt in der Brandung. Das Foto zeigt einen präparierten Seeigel aus dem OZEANEUM Stralsund.

### Herzseeigel
*Echinocardium cordatum*

**Aussehen:** gelblich gefärbt, dünne, haarartige Stacheln, im Gegensatz zu den vorgenannten zweiseitig-symmetrisch, Körperform oval, Unter- und Oberseite abgeflacht • **Größe:** bis 9 cm lang

Herzseeigel leben bis circa 15 Zentimeter tief im Sand eingegraben. Sie haben ein leichtes Skelett, das schnell zerbricht.

## Ostasiatische Keulenseescheide *Styela clava*

**Aussehen:** dunkelbraune Haut, erscheint drüsenreich und lederartig, schlanker Stiel, Ein- und Ausstromöffnung am freien Ende • **Größe:** bis 10 cm lang

Ostasiatische Keulenseescheiden kamen in den fünfziger Jahren in die Nordsee, indem sie sich an Schiffe aus Korea hefteten.

## Elfenbeinmoos (Moostierchen)
*Crisia eburnea*

**Aussehen:** helle, gelb-bräunliche Minibüschel, scheinbare Äste sind aneindergereihte Gehäuse von Einzeltieren • **Größe:** bis 2 cm lang

Elfenbeinmoos wächst meist auf dem Blättermoostierchen. Diese Tiere fangen mit ihren Tentakeln Plankton.

## Blättermoostierchen
*Flustra foliacea*

**Aussehen:** hell, weißlich bräunlich, algenähnlich, Fußscheibe, Aufbau aus zahlreichen Gehäusen von Einzeltieren • **Größe:** bis 15 cm lang

Blättermoostierchen leben unterhalb der Ebbelinie und werden im Herbst oft an der Nordseeküste angespült.

## Zottige Seerinde (Moostierchen)
*Electra pilosa*

**Aussehen:** weißliche Krusten aus Einzeltieren, Gehäuse mit langen Fortsätzen • **Größe:** bis 10 cm lang

Die Zottige Seerinde wächst unter anderem oft an Algen und Schalen im unteren Ebbe- und Dauerwasserbereich und wird nach einem Sturm angespült.

# Insekten

Das Meeresufer ist eigentlich keine Heimat für Insekten – zu nass, zu wechselhaft und mit dem Wellenschlag zu gewalttätig. Dennoch gibt es auch hier Insekten: Wer Flügel hat und für den beispielsweise der zerfallende Strandanwurf aus Meeresalgen gut riecht, den findet man hier. Das sind nicht nur Tangfliegen, sondern auch Weich-, Schnell-, Aaskäfer und andere. Es gibt sogar Arten, die nur in diesem Lebensraum existieren, wie beispielsweise die unten genannten.

Seitenansicht des Prächtigen Salzkäfers

Aushub aus der Wohnröhre des Salzkäfers

## Prächtiger Salzkäfer
*Bledius spectabilis*

**Aussehen:** schwarz mit auffällig roten, kurzen Flügeldecken und einem Hornfortsatz des Brustschildes, der über den Kopf hinausreicht • **Größe:** ca. 5–7 mm

Dieser Salzkäfer lebt an der oberen Hochwassergrenze. Man sieht ihn aber selten, da er hauptsächlich unterhalb der Sandoberfläche aktiv ist. Sichtbar sind die kaum zentimetergroßen krümeligen Sandhäufchen, die er bei Ebbe anhäuft. Am Rand des Quellerwatts legt der Käfer fast zehn Zentimeter tiefe Wohnröhren an. Bei auflaufendem Wasser kriecht er dort hinein und verschließt die Röhre. Im Frühjahr fliegt er ins Watt, wenn ihm die mikroskopisch kleinen Algen auf dem Wattboden bei jedem Trockenfallen reichlich Nahrung versprechen. Ihre Brut ziehen die Käfer in Nebenabteilen der Wohnröhre groß – hier sind sie auch vor ihrem größten Feind, einer parasitischen Wespe, geschützt. Vor den Überflutungen im Herbst flüchten sie in die hoch gelegene Salzwiese.

## Tangfliege
*Fucellia maritima*

**Aussehen:** graue Grundfarbe mit wenigen, leicht bräunlichen Längsstreifen auf der Oberseite und dunkleren Querstreifen auf dem Hinterkörper • **Größe:** ca. 6–8 mm

Die Körperform der Tangfliegen ist länglich, flach und insgesamt »stromlinienförmig« mit kräftigen Beinen. Sie treten mit mehreren Generationen vom zeitigen Frühjahr bis in den November auf. Ihre Larven leben im höher und trockener liegenden Strandanwurf. Sie überwintern als Puppen. Weitere häufige Seetang- und Strandfliegen sind die graue *Helcomyza ustulata* und die gelbbeinige *Coelopa frigida*. Tangfliegen unterstützen die Zersetzung der angelandeten Algen. Ihre Larven fressen Bakterien und das mit ihnen durchsetzte Pflanzengewebe und verstärken so die Bakterientätigkeit. Die erwachsenen Fliegen saugen auch Blütennektar.

## Siebenpunkt-Marienkäfer
*Coccinella septempunctata*

**Aussehen:** fast halbkugelförmig, kräftige rote Deckflügel mit insgesamt 7 schwarzen Punkten, Hals- und Kopfschild schwarz mit je 2 kleinen weißen Punkten • **Größe:** 5–8 mm

Dieser Marienkäfer ist einer der häufigsten Käfer und vermehrt sich mit zwei bis drei Generationen im Jahr. Gartenfreunde lieben ihn, weil er und seine Larven Blattläuse verzehren. Zur Verteidigung kann er eine für den Menschen harmlose gelbe Flüssigkeit absondern. Manchmal tritt er so häufig am Strand auf, dass er als Ärgernis empfunden wird. Es gibt weitere ähnliche Arten, darunter der ursprünglich für die Schädlingsbekämpfung in Gewächshäusern importierte Asiatische Marienkäfer.

# Flechten

Es überrascht vielleicht, die Flechten hier als letztes Unterkapitel der Tiere zu finden. Aber sie sind keine Pflanzen, obwohl man sie leicht für solche halten kann. Flechten sind Pilze, meist Schlauchpilze, die sich in einem quasisymbiotischen Verhältnis auf die Zucht und Haltung von Grünalgen oder Blaualgen verstehen. Das ermöglicht ihnen ein Wachstum an Standorten, an denen sie sonst nicht existenzfähig wären. Pilze stehen nach den heutigen Erkenntnissen der Taxonomie den Tieren näher als den Pflanzen. Flechten findet man an vielen Standorten, auch im Binnenland. An der Küste kommen verschiedene Arten bereits dicht oberhalb der Spritzwasserzone vor.

## Gelb-/Wandflechte
*Xanthoria parietina*

**Aussehen:** grünlich gelb bis orangefarbenes Lager mit oft mittig stehenden, orange leuchtenden und schüsselähnlich geformten Fruchtkörpern • **Größe:** Lager bis 10 cm Ø

Die Unterseite der Gelbflechte ist weißlich. Außerhalb der Reichweite des Spritzwassers wächst diese auffällige Flechte überall an der Küste an Steinen, Holz oder Bauwerken.

## Ebenästige Rentierflechte
*Cladonia portentosa*

**Aussehen:** filzig, weiß-grünlich bis grau mit bräunlichen Spitzen, strauchartig verwoben • **Größe:** bis 6 cm hohe Polster

Diese Rentierflechte ist weit verbreitet und tritt auf windgeschützten Flächen, Dünen, zwischen Heide und Moosbeere auf. Bei der ähnlichen **Echten Rentierflechte** (*Cladonia rangiferina*) wachsen die Stämmchen und Äste vermehrt in eine Richtung.

# Die Basis tierischen Lebens: Algen und Gefäßpflanzen

Algen und Pflanzen liefern die Basis unseres heutigen Lebens auf der Erde. Sie verbrauchen Kohlendioxid, stellen Sauerstoff her und produzieren mit der Photosynthese die Grundsubstanzen für Nahrung und vielfältig nutzbare Materialien. Tiere und Menschen würden nicht lange ohne Pflanzen existieren können. **Mikroskopisch kleine Algen sind vollwertige Lebewesen, die aus nur einzelnen oder wenigen Zellen bestehen. Noch winziger bleibt nur die kleinste Stufe der frei lebenden Organismen, die Bakterien. Das sind hochspezialisierte »Zersetzerorganismen«, die Moleküle aufnehmen und »verzehren« können.** Die um ein Vielfaches größeren Mikroalgen verfügen über einen Zellkern, eine feste Zellwand und Organellen. Im Meer verdoppeln sie sich unter günstigen Umweltbedingungen täglich ein- bis zweimal und erreichen so Raten für die Produktion an organischer Masse, die Großalgen und Landpflanzen mehrfach übertreffen.

Watt in Norderney, dessen Farben von Algen und Bakterien verursacht wurden.

Bakterien leben noch tief im Boden des Watts. Durch ihre Tätigkeit färbt sich das sauerstoffarme Sediment dort schwarz. **Von der durch Mikroalgen geprägten grünen Bodenoberfläche bis zum tieferen schwarzen Horizont existieren verschiedene Bakteriengemeinschaften in Abhängigkeit vom Sauerstoff.** Dessen Moleküle können frei verfügbar, leicht oder schwer aus chemischen Verbindungen zu lösen sein. Im Extrem gibt es dann keine sauerstoffhaltigen Moleküle mehr. Der chemische Zustand des Bodens und seine Bakteriengemeinschaft zeigen eine definierte Farbe von Grün über Grau, Orange bis Schwarz. Dieses Spektrum stellt sich manchmal auch an der Oberfläche ein (siehe Foto).

### Vielfalt der Algen

Unter dem Begriff der »Algen« fasst man eine bunte Vielfalt von teilweise nicht miteinander verwandten Pflanzengruppen zusammen. **An der Küste und im Wasser gut sichtbar sind viele Vertreter der drei Großalgengruppen, der Grün-, Braun- und Rotalgen. Sie werden auch immer wieder an den Strand geworfen und daher mit den häufigsten Arten hier vorgestellt.** Ihnen stehen die Seegräser in nichts nach. Sie gehören zu den wenigen Blütenpflanzen, die voll untergetaucht im Meer leben. Sie werden deshalb in einem eigenen Unterkapitel behandelt. Fast alle Pflanzen gehen in ihrem Bestand zurück, viele sind stark gefährdet.

## Meeresalgen

Wer am Badestrand wandert, hört gelegentlich den Ausruf: »Iih! Mama – die ist ja glitschig!« Meistens ist dann eine Alge gemeint, die ein Sprössling hochhält. Aufgrund der »glitschigen« Eigenschaft des Fundes sinkt der Arm jedoch wieder, und Mamas Antwort lautet oft: »Schmeiß das weg!« Schade, denn diese Funde am Strand in die Hand zu nehmen vermittelt Einblicke in wichtige Algeneigenschaften. Es schärft den Blick für die Festigkeit des Materials und die Vielfalt der Farben. Es zeigt ihre sonderbaren Formen und fragt nach der Unterwasserumwelt dieser Pflanzen. **Die häufigsten Meeresalgen sind nur Bruchteile von Millimetern große Kieselalgen und ähnliche kleinste Algen. Mit bloßem Auge oder mit der Lupe kann man die Riesen unter ihnen gerade erkennen.** Meeresalgen erbringen ihre große Produktionsleistung für das Meer durch rasche Zellteilung. In wenigen Tagen entstehen Milliarden neuer Mikrolebewesen, eine willkommene Nahrung für die ebenfalls mikroskopisch kleinen Planktontiere.

Blick in die Unterwasserwelt der Meeresalgen

### Makroalgen sind anders organisiert als Landpflanzen

Eindrucksvoll sind die vielzelligen, großen, festgewachsenen oder losgerissen im Wasser treibenden Meeresalgen. Sie saugen im Gegensatz zu Landpflanzen kein Wasser und keine Nährstoffe aus dem Bodenwasser hoch in die Blätter, sondern nutzen das sie umgebende Wasser mit seinen Nährstoffen.

Deshalb brauchen und haben sie die Wurzeln, Leitungssysteme und festen Oberflächen der Landpflanzen nicht. Ihr Pflanzenkörper hat andere Aufgaben und heißt »Thallus«. **Große Meerespflanzen werden auch Tange genannt. Sie haben Haftorgane, stängelähnliche und blattartige Gebilde, die an die Landpflanzen erinnern.** In der Nordsee können sie mehrere Meter Länge erreichen.

Einzellige Algen können im Sommer auf dem Wattboden gut sichtbare braune Beläge bilden.

### Gruppen der Meeresalgen

Bei den Meeresalgen unterscheidet man drei Verwandtschaftsgruppen: **Grünalgenarten** wachsen oft nahe der Wasseroberfläche. **Braunalgenarten** sind in der Nordsee bis in mittlere Wassertiefen und die **Rotalgen** bis an die untere Grenze des eindringenden Sonnenlichts (circa 50 Meter Tiefe) vertreten. Viele Arten halten sich aber nicht an diese Regel. Groß-

Algenblüte im Juli 2015 vor Helgoland

algen wachsen auf festem Untergrund wie Steinen oder Fels (Helgoland) oder geben sich mit Muschelschalen oder anderen Algen als »Aufwuchsmedium« zufrieden. Im Wattenmeer werden Rotalgen als buschige, maximal handgroße Pflanzenreste nach Stürmen angeschwemmt. Der rote Farbstoff zerfällt dann schnell, und sie sehen braungrau aus. Braunalgen kommen als fädige, zentimeterkurze Büschel oder bis zu mehrere Meter lange Tange vor. Von den meisten Arten werden Teile an den Strand gespült. Sie wachsen in der Nordsee vor den Inseln. Weltweit werden viele Algenarten zur menschlichen Ernährung, zur Abwasserbehandlung oder für industrielle Zwecke (Nahrungsmittel, pharmazeutische Industrie) genutzt.

Welche große Bedeutung die kleinen Planktonalgen für das Leben im Meer haben, wird auch jedem Touristen klar, wenn es zu einer sogenannten Algenblüte kommt: Dabei blühen die Algen nicht im eigentlichen Sinne, sind aber so zahlreich, dass wir sie als farbige Masse im Meer gut sehen können. Oft sind sie in diesem Zustand kaum noch lebensfähig oder schon abgestorben. Auch die Schaumbildung des Meerwassers am Strand entsteht durch abgestorbene Algen (vgl. S. 65).

### Meersalat   *Ulva lactuca*

**Aussehen:** kräftig grün, Algenblätter gefaltet, ähnelt grob dem Blattsalat, Thallusblätter zweischichtig, sehr zart und leicht durchscheinend • **Größe:** bis 30 cm

Meersalat wächst in geschützten Bereichen unterhalb der Hochwasserzone oder etwa in den bei Niedrigwasser nicht vollständig auslaufenden Gräben der Salzwiesen. Hier erreicht der Meersalat zum Herbst dichte Bestände. Die Alge treibt gelegentlich im Wasser, ist meistens aber mit einem kurzen Stiel an festem Material angeheftet. Sie wird wegen ihres starken Wuchses bei hohem Nährstoffangebot zur Abwasserreinigung benutzt, früher verzehrte man sie mit dem Salat.

### Kleiner Röhrentang
*Blidingia minima*

**Aussehen:** dunkelgrüne, blasige bis krause Röhrchen (bis 2 mm Ø), wenig verzweigt, großflächiger Bewuchs • **Größe:** bis 10 cm lang • **Alter:** einjährig

Der Röhrentang bildet im Spätsommer/Herbst dichte grüne Beläge an Buhnen und Bauwerken im oberen Gezeitenbereich, auf denen man beim Klettern an den Buhnen schnell ausrutscht. Die Alge verträgt Brandung und Austrocknung und wächst gerne mit ähnlichen Arten zusammen.

### Flacher Darmtang
*Ulva (Enteromorpha) compressa*

**Aussehen:** hell- bis dunkelgrün, dünnwandiger Schlauch, hohl, an der Spitze flach, manchmal blasig • **Größe:** bis 20 cm lang, bis 2 cm breit • **Alter:** einjährig

Im Sommer trifft man den Darmtang überall im Watt. Er wächst auf größeren Muschelschalen oder an Treibgut, mit dem er auch auf dem Strand landen kann. Mal sind es nur kleine Schläuche von wenigen Zentimetern Länge, oft stehen sie in Gemeinschaft. Die Art kann bei günstiger Nährstoffversorgung beziehungsweise Verschmutzung des Wassers dichte Bestände, etwa an Hafenanlagen, bilden. Darmtang wird von der Kosmetikindustrie und der japanischen Küche genutzt.

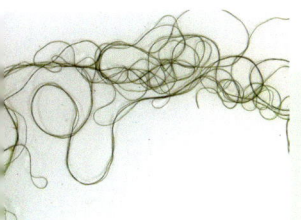

### Dickfädiges Borstenhaar
*Chaetomorpha melagonium*

**Aussehen:** grüne Fäden aus aneinandergereihten erkennbaren Einzelzellen, steif • **Größe:** ca. 0,70 mm dick, bis 30 cm hoch (in aufrechten Büscheln) und bis 2 m lang (angeheftet an Steinen oder Boden) • **Alter:** einjährig

Diese mehrere Meter lange feste Alge erinnert an eine Angelschnur, der Wanderer kann sich leicht mit dem Fuß in ihr verheddern. Sie ist im Boden fest verankert. Ähnlich ist das **Borstenhaar** *Chaetomorpha linum*, jedoch sind seine Fäden noch dünner (höchstens einen halben Millimeter) und ineinander verknäult, die Zellen kaum erkennbar.

### Blasentang  *Fucus vesiculosus*

**Aussehen:** dunkelbraune, manchmal helle, von der starken Mittelrippe aus verzweigte Tange mit oft paarig auslaufenden, blattartigen Spitzen, unterhalb derer häufig paarig Blasen im Thallus, ab Spätsommer Fruchtkörper an den Triebspitzen (heller und größer als die Blasen) • **Größe:** 30–60 cm lang • **Alter:** mehrjährig

Blasentang ist eine sehr auffällige, derbe und häufige Braunalge. Sie wächst bevorzugt an Buhnen und Bauwerken, die wenig den Wellen ausgesetzt sind. Im Schutz ihrer Bestände verstecken sich Strandschnecken und Strandkrabben. Bei Niedrigwasser liegt der Tang flach auf den Steinen.

### Sägetang  *Fucus serratus*

**Aussehen:** dunkelbraun; ähnelt dem Blasentang (jedoch stets ohne Blasen); oft mit deutlich sägeförmigen Blatträndern • **Größe:** bis 1 m lang • **Alter:** mehrjährig

Sägetang siedelt auf großen Steinen oder Felsen. Er kommt an geschützten Standorten der mittleren und unteren Gezeitenzone vor und geht auch bis in den Dauerflutbereich. Ähnlich wie Blasen- und Sägetang ist der **Spiraltang** *Fucus spiralis*. Seine blattartigen Endverzweigungen sind oft gedreht, kleiner und immer ohne Blasen oder gezähnten Blattrand.

### Knotentang  *Ascophyllum nodosum*
**Aussehen:** olivgrün, Algenkörper flach, ohne Mittellinie, mäßig verzweigt, eiförmig dicke Auftriebskörper • **Größe:** bis 1 m lang

### Glatte Meersaite  *Chorda filum*
**Aussehen:** dunkelbraun, ähnlich einer Peitschenschnur, junge Pflanze fein behaart, im Alter glatt und innen hohl, oft an der kleinen Haftscheibe abgebrochen • **Größe:** rund 5 mm Ø, bis 6 m lang.

### Dorniger Stacheltang
*Desmarestia aculeata*

**Aussehen:** dunkelbraun, vielfach verzweigte kurze, derbe Äste, im Frühjahr hell mit weicher Behaarung • **Größe:** bis 1 m lang

### Zuckertang
*Saccharina latissima (Laminaria saccharina)*

**Aussehen:** dunkelbraun, junge Pflanze heller; an Haftkrallen sitzende, am Rand gekräuselte Blätter • **Größe:** bis 20 cm breit und 3 m lang • **Vorkommen:** auf Steinen oder Felsen

### Fingertang  *Laminaria digitata*
**Aussehen:** dunkelbraun; großes, steifes, fingerartig aufgeschlitztes Blatt mit festem, bis 40 cm langem, leicht ovalem Stiel • **Größe:** bis 2 m lang • **Vorkommen:** auf Steinen oder Felsen

### Palmentang  *Laminaria hyperborea*
**Aussehen:** dunkelbraun; ähnlich, aber derber und mehr Blattstreifen als Fingertang; Blatt zum runden Stiel zurückgewölbt • **Größe:** bis 3 m lang • **Vorkommen:** Helgoland

### Beerentang  *Sargassum muticum*

**Aussehen:** braun, runder Haupttrieb, regelmäßige Verzweigungen, zahlreiche gestielte Bläschen als Auftriebskörper • **Größe:** über 1 m lang • **Vorkommen:** alle Aufwuchsflächen, oft im Wasser treibend

### Kalkkrustenrotalge  *(verschiedene Arten)*

**Aussehen:** dunkelrote bis rot-violette Überzüge auf Steinen oder Schneckengehäusen • **Größe:** Einzelalgen nur unter dem Mikroskop erkennbar • **Vorkommen:** Helgoland

### Hauttang/Purpurtang  *Porphyra umbilicalis*

**Aussehen:** braunrote, trocken dunkle, dünne, mittig befestigte und wellig aufschwimmende Blätter • **Größe:** bis 20 cm lang • **Vorkommen:** an exponierten Felsen, Buhnen oder Hafenanlagen

### Blutroter Meerampfer  *Delesseria sanguinea*

**Aussehen:** tiefrot; blattähnliche Verzweigungen, hellere Mittelrippen, auf kurzem Stiel • **Größe:** bis 25 cm lang • **Vorkommen:** Helgoland, auf Felsen und gelegentlich Großalgen

### Rote Hornalge/Horntang  *Ceramium virgatum*

**Aussehen:** tiefrot; zarte runde und verzweigte Stängel im dichten Büschel, Triebspitzen geringelt, hornähnlich gegeneinander gerichtet • **Größe:** 10–40 cm lang • **Vorkommen:** auf Felsen, Steinen und anderen Algen

### Kammalge/Kammtang
*Plocamium cartilagineum*

**Aussehen:** rot, fest, in einer Ebene wechselseitig verzweigt, jüngste Verzweigungen an den Spitzen • **Größe:** bis 20 cm • **Vorkommen:** auf Steinen und Großalgen im bewegten Wasser

# Seegras

Die Seegräser sind keine Algen, sondern wie alle höheren Landpflanzen echte Blütenpflanzen. Sie verbringen ihr ganzes Leben – einschließlich des Blühens und der Befruchtung – im Meer. Das Große Seegras kann unterhalb der Niedrigwasserlinie großflächige dichte Wiesen bilden, die dann unter anderem Krebse, Fische, Ringelwürmer und Schnecken in großer Arten- und Individuenzahl beherbergen. Im nordfriesischen Wattenmeer weiden die Ringelgänse die Seegrasbestände im Herbst ab. Große Mengen werden nach Herbststürmen an den Strand geworfen.

### Zwergseegras
*Zostera noltii*

**Aussehen:** grasgrüne, mit dem Alter nachdunkelnde, schmale, gleichförmige Blätter; die Blattstängel sitzen an Ausläufern, die im Boden verborgen sind; Blüten sehr unscheinbar • **Größe:** Blätter bis 3 mm breit und 30 cm lang • **Alter:** mehrjährig

Das Zwergseegras wächst gerne auf dem trockenfallenden Watt. Dank seiner tiefer im Boden verlaufenden Ausläufer (siehe Foto) wird es mehrere Jahre alt. In Nordfriesland wachsen dichte weite Bestände, dieses Seegras ist aber auch im niedersächsischen Wattenmeer zu finden. Das **Große** oder **Echte Seegras** *Zostera marina* kann als einjährige Zwergform zwischen dem Zwergseegras sitzen, beide sind dann kaum voneinander zu unterscheiden. Das Große Seegras erreicht seine volle Größe mit schmalen Blättern bis deutlich unter einem Zentimeter Breite und einem Meter Länge nur auf strömungsgeschützten und dauernd überfluteten Flächen.

# Salzwiesen

Seit Menschengedenken sehen die Bauern der Küste in den Salzwiesen nicht die Naturlandschaft, sondern den Landanwachs – das heißt Land, welches das Meer gibt. Meist wurde es ihm zusätzlich in mühsamer jährlicher Arbeit mit dem Graben von Gräben, dem Bau von Lahnungen und der Beweidung abgetrotzt. Wenn nach Jahrzehnten oder Jahrhunderten genug neues Weideland (Heller/Groden) vor dem Deich vorhanden war, wurde es eingedeicht. Lange vor Gründung der Nationalparks entdeckten Biologen die Salzwiesen: nicht die von den Schafen abgenagten, sondern die Reste der wilden und ursprünglichen **Salzwiesen – ein Lebensraum mit großem biologischen Potenzial. Hier wachsen spezialisierte Pflanzenarten, die es europaweit nur selten gibt. Außerdem leben in den Salzwiesen rund 2000 Arten seltener wirbelloser Kleintiere** von unter einem Millimeter (etwa Springschwänze) bis mehrere Zentimeter Größe (etwa Käfer, Schmetterlinge oder Spinnen).

### Wie weit dringt das Meerwasser vor?

Die Frage, wie weit das Wasser auf die Salzwiesen vordringt, entscheidet das Überleben vieler Pflanzen und Tiere. Bis an die obere Überflutungslinie des mittleren Hochwassers (siehe S. 46) kommt das Meer etwa 700-mal im Jahr. **Nur der Queller und seltener das Schlickgras wachsen an und bis circa 40 Zentimeter unterhalb dieser Linie ins Meer hinein. Der Salzgehalt des Bodens entspricht mit 2,6 Prozent Salz fast dem des Nordseewassers.** Landseitig – genau genommen von der Hochwasserlinie bis 40 Zentimeter darüber – breitet sich das Andelgras aus. Es wird unter anderem von Strandsode, Stranddreizack und Strandaster begleitet. Immerhin rund 200 Überschwemmungen bei

Salzwiesengewässer vor Borkum

Springtiden und Stürmen ertragen diese Pflanzen. Noch höher (im Verhältnis zum Meeresspiegel) – also circa 40 bis 80 Zentimeter oberhalb der Hochwasserlinie – beginnt der Lebensraum des Rotschwingelgrases. Bei rund 50 Überschwemmungen im Jahr sinkt der Salzgehalt des Bodens auf etwa ein Prozent (= 1 Gramm Salz pro 100 Gramm Boden). Die rosablütige Grasnelke, der Strand-Wegerich, das Gänsefingerkraut und viele weitere Arten finden sich hier. Den größten Artenreichtum zeigen Salzwiesen auf Sandboden. Salzwiesen gehören zu den besonders geschützten Bereichen des Nationalparks und sollten nur auf Wegen begangen werden.

## Wie sich Salzpflanzen vor Salz schützen

Auch wenn wir die Wiesen und Kräuter am Watt »Salzwiesen« und »Salzpflanzen« nennen, wachsen sie fast alle besser in einer Umgebung mit weniger Salz. Warum gehen sie dann nicht weiter ins Land? Auf diesen salzarmen oder salzfreien Standorten drängen sich schon viele Pflanzen, und die Salzpflanzen haben keine große Chance, dort einen Platz zu ergattern. Stattdessen haben sie die Fähigkeit erworben, mit dem Salz fertig zu werden. Deshalb wachsen sie in Zonen am Meeresufer, wo andere Pflanzen kümmern oder absterben würden. Viele Salzpflanzen können Süßwasser besonders speichern (Sukkulenz). Viele vermögen auch, Meerwasser aufzunehmen und das Salz über Poren und Drüsen auszuscheiden (Strandflieder). Andere lagern es in Blättern oder Haaren ein (Strand-Salzmelde), die dann später abfallen. Der Queller beispielsweise deponiert das Salz sogar in seinen verdickten Stängeln – wenn kein Platz mehr ist, ist es Herbst, und die einjährige Pflanze wird rot und stirbt ab. Sie ist eine der wenigen Salzpflanzen, die auf salzhaltigen Böden besser gedeihen als auf salzfreien.

Salzwiese nahe Simonsberg bei Husum im Herbst

### Strand-Salzmelde
*Atriplex (Halimione) portulacoides*

**Aussehen:** kleine, unauffällige, grünlich helle Blüten; getrenntgeschlechtlich; Blätter graugrün, fein behaart, spatel-keilförmig; Pflanzenstängel aufrecht oder liegend, unten verholzt, immergrün • **Blüte:** Juli/August • **Größe:** Blätter max. 7 cm lang, bis 80 cm lang • **Alter:** mehrjährig

Die Strand-Salzmelde oder Portulak-Keilmelde bildet dichte Bestände, die oft auch als silbrig-graue Bänder entlang der Gräben in den Salzwiesen auffallen. Wenn im Winter fast alle anderen Pflanzen abgestorben sind, zeigt sie sich ergraut, wirkt aber noch ansehnlich. In Schleswig-Holstein wird sie als gefährdet eingestuft.

### Spieß-Melde *Atriplex prostrata*

**Aussehen:** kleine Blüten, rötlich, getrenntgeschlechtlich, in Knäulen an den Blütenständen, dreieckig-spießförmige Blätter mit Stiel • **Blüte:** Juli bis September • **Größe:** Blätter bis 10 cm lang; Pflanze aufrecht bis 60 cm lang • **Alter:** einjährig

Die essbare Spieß-Melde bevorzugt nährstoffreichen Untergrund und ist in begrenztem Umfang salztolerant. Man findet sie deshalb in den Salzwiesen, aber auch bundesweit als Kulturfolger an leicht versalzenen Standorten wie Straßenrändern.

### Queller *Salicornia europaea*

**Aussehen:** sehr unauffällige Blüten; Blätter nicht erkennbar; Stängel sehr verdickt, verzweigt, gegliedert und auffällig; im Frühjahr/Sommer grün, im Herbst gelb-rötlich; meist aufrecht • **Größe:** bis ca. 30 cm lang • **Alter:** einjährig

Der essbare Queller steht als erste Pflanze im Meer auf dem freien Watt, oft im dichten Verband. Durch seine blattlosen, dick aufgetriebenen Stängel fällt er gleich ins Auge. Meeresgänse fressen ihn. Es gibt mehrere Arten und Unterarten, die in sehr verschiedenen Formen wachsen und unter Umständen verschiedenen Unterarten zugeordnet werden. Im Herbst stirbt der Queller ab.

### Strand-Sode  *Suaeda maritima*

**Aussehen:** unscheinbare grünliche Blüten; zweigeschlechtlich; Blätter schmal, aber dickfleischig und essbar, rundlich, meist senkrecht vom Stängel abstehend; Stängel verzweigt, niederliegend oder aufrecht • **Blüte:** Juli bis September • **Größe:** Blätter bis max. 3 cm lang, Pflanze bis 50 cm lang

### Salz-Schuppenmiere  *Spergularia salina*

**Aussehen:** rosarot-weiße Blüten; zweigeschlechtlich; Blätter schmal, glatt und fleischig; Stängel kriechend, hochgebogen mit vielen Verzweigungen • **Blüte:** Juni bis September • **Größe:** Blüten bis 8 mm Ø, Blätter meist 1 cm lang, Pflanze bis 15 cm lang • **Alter:** mehrjährig

### Dänisches Löffelkraut  *Cochlearia danica*

**Aussehen:** weißliche kleine Blüten an der Spitze; bodennahe Grundblätter dreieckig, sonst löffelförmig, fleischig und essbar, mittlere Blätter gestielt, efeuartig, obere am Stängel sitzend, nicht ihn umfassend; Stängel verzweigt • **Blüte:** April/Mai • **Größe:** bis 20 cm lang • **Alter:** zweijährig

### Milchkraut  *Glaux maritima*

**Aussehen:** kleine rosa bis rosaweiße Blüten in den Blattachsen, zweigeschlechtlich, Blätter dunkelgrün, fleischig und essbar, in dichter Folge; Stängel zart, kriechend und aufsteigend • **Blüte:** Mai bis August • **Größe:** Blüten bis 6 mm Ø, Blätter bis ca. 15 mm lang, Pflanze bis 20 cm lang • **Alter:** mehrjährig

Das zarte Milchkraut wächst aufrecht zwischen den Pflanzen der Salzwiese. Bei mehr Freiraum bildet es dichte Kissen. Seinen Namen hat es vor Jahrhunderten bekommen: Damals dachten die Bauern, es fördere das Einschießen der Milch in das Kuheuter. Im Binnenland ist es sehr selten.

### Strand-/Halligflieder
*Limonium vulgare*

**Aussehen:** zahlreiche kräftig blauviolett gefärbte Einzelblüten, zweigeschlechtlich; Blätter am Grund rosettenähnlich angeordnet, ledrig fest • **Blüte:** Juli bis September • **Größe:** Blätter bis 15 cm lang, bis 40 cm hoch • **Alter:** mehrjährig

Auf den Halligen und in manchen Salzwiesen wächst der Strandflieder in dichten Beständen, daher auch die Bezeichnung Halligflieder. Solche Flächen erinnern dann an die in Norddeutschland so beliebte Heideblüte. Der Strandflieder scheidet das Salz über Drüsen auf der Blattoberfläche aus. Er zählt zu den besonders geschützten Pflanzen.

### Strand-Grasnelke
*Armeria maritima* ssp. *maritima*

**Aussehen:** auffällige rosa Blüten, dicht im Blütenkopf; zweigeschlechtlich, Blätter von Bodenrosette ausgehend, schmal, grasähnlich, aber fleischig; Blüten auf Stängeln • **Blüte:** Mai bis Oktober • **Größe:** Blüten 15–20 mm Ø, Blätter nur 1 mm breit, 5–20 cm lang • **Alter:** mehrjährig

Strand-Grasnelken erfreuen das Auge bei jedem Sommerbesuch an der Salzwiese. Die Strand-Grasnelke der Unterart *maritima* wächst im oberen Bereich der Salzwiese. Sie ist mit etwas kleineren Blütenköpfen kräftiger gefärbt als die größere und hellere Sand-Grasnelke der Unterart *elongata* (vgl. S. 165).

### Gänsefingerkraut
*Potentilla (Argentina) anserina*

**Aussehen:** kräftig gelbe Blüten an langen Stielen; große, gefiederte Blätter, Teilblättchen gesägt und unterseits silbrig; Pflanze rosettenartig flach am Boden, bildet Ausläufer • **Blüte:** Mai bis August • **Größe:** Blüten bis 2 cm Ø, Pflanze bis ca. 30 cm Ø

Gänsefingerkraut wächst in der oberen Salzwiese und am Übergang von Düne zur Salzwiese. Es ist auch im Binnenland verbreitet und eine altbekannte Heilpflanze.

### Gewöhnlicher Hornklee   *Lotus corniculatus*

**Aussehen:** gelbe, teils rot angelaufene Schmetterlingsblüten, jeweils 3–8 zusammensitzend, Blätter fünfzählig, Stängel liegend, verzweigt und aufsteigend • **Blüte:** Juni bis August • **Größe:** 5–40 cm hoch • **Vorkommen:** obere Salzwiese und auf Sand, häufiger südwestlich der Elbe

Ähnlich ist der **Salz-Hornklee** *Lotus tenuis* mit länglicheren und spitzeren Blättern am Stängel.

### Strand-Wegerich   *Plantago maritima*

**Aussehen:** hellgelbe und sehr unscheinbare, reduzierte Einzelblüten in dicht besetzten Blütenständen; Blätter rosettenartig, dunkelgrün mit Kiel oder flach • **Blüte:** Juli bis Oktober • **Größe:** Blütenstände bis 11 cm lang, Blätter bis 15 cm lang, bis 8 mm breit; mit den aufrechten Blütenständen bis ca. 40 cm hoch • **Alter:** mehrjährig

In der auf Schlick wachsenden Salzwiese kommt der Strand-Wegerich häufig vor und wird wegen seines frühen Austreibens dann von den Meeresgänsen gefressen. Auf sandig-trockenen Standorten bleibt er kleiner.

### Gewöhnliches Leinkraut/ Kleines Löwenmaul   *Linaria vulgaris*

**Aussehen:** gelb und orange gefärbte Blüte mit Ober- und Unterlippe sowie langem Sporn; Blätter lanzettförmig, grün; wechselständig • **Blüte:** Juni bis Oktober • **Größe:** bis 40 cm lang • **Vorkommen:** ursprüngliche Küstenart, aber auch im Binnenland weit verbreitet

### Strandaster  *Aster tripolium*

**Aussehen:** große Korbblüten, zusammengesetzt aus zahlreichen Einzelblüten, außen hellviolette Zungenblüten, innen gelb; zweigeschlechtlich; Blätter schlank, spitz zulaufend, fleischig und essbar; aufrecht wachsend • **Blüte:** Juli bis September • **Größe:** Blüten bis 2,5 cm Ø, bis 60 cm hoch • **Alter:** zweijährig

Die Strandaster färbt mit ihren oft roten Stängeln die herbstliche Salzwiese. Sie erträgt höhere Salzgehalte dicht an der Marke des mittleren Hochwassers. Das Salz lagert sie in älteren Blättern ab, die später abgeworfen werden.

### Küstenkamille
*Tripleurospermum maritimum*

**Aussehen:** zahlreiche kleine gelbe Röhrenblüten umrandet von großen weißen Zungenblüten; lange, mehrfach gefiederte dickfleischige, kahle Blätter; Stängel liegend und aufsteigend, ab der Basis verzweigt • **Blüte:** Juli bis Oktober • **Größe:** Blüten bis 4 cm Ø, bis 30 cm lang • **Alter:** oft einjährig

Die Küstenkamille siedelt auf Kahlstellen der Salzwiesen und sandigen Küstenbiotopen, aber auch in Spalten des roten Helgoländer Felsens direkt über dem Meer. Ähnlich ist die im Binnenland wachsende **Geruchlose Kamille** *Tripleurospermum inodorum*.

### Rainfarn  *Tanacetum vulgare*

**Aussehen:** gelbe, aus zahlreichen kleinen Blüten zusammengesetzte Blütenköpfchen, stehen in größerer Zahl dolden- bzw. rispenartig zusammen; fiederteilige Blätter bis zur Spitze; riecht aromatisch • **Blüte:** Juni bis September • **Größe:** Blüten ca. 10 mm Ø, bis 1,50 m hoch

Der Rainfarn ist ursprünglich ein Gartenflüchtling. An der Küste zeigt er sein kräftiges Gelb in der oberen Salzwiese und geht bis auf die Graudünen.

## Strand-Beifuß
*Artemisia maritima*

**Aussehen:** Blüten, Blütenköpfchen und Blütenstände sehr unscheinbar klein, graugrün, die winzigen Einzelblüten gelb; Blätter gefiedert, behaart, grau-silbrig, aufrecht wachsend • **Blüte:** September/Oktober • **Größe:** Blattfieder weniger als 2 mm breit, bis 80 cm hoch • **Alter:** mehrjährig

Im Frühsommer sind die essbaren Strand-Beifüße noch unscheinbar, im Spätsommer überwuchern die Bestände andere Pflanzen. Die Blütenstände wurden früher gesammelt und in der Naturheilkunde als Wurmmittel angewandt. Die Pflanze ähnelt dem **Wermut** *Artemisia absinthium* und riecht bei Zerreiben ebenfalls sehr aromatisch. Die ätherischen Öle sind gesundheitsschädlich.

## Stranddreizack
*Triglochin maritimum*

**Aussehen:** kleine, unscheinbare grün-rötliche Blüten; lange, fast binsenähnliche, aber seitlich abgeflachte Blätter umfassen den Stängel über dem Boden • **Blüte:** Juni bis August • **Größe:** Blütenstand bis 20 cm lang, hochwachsend max. 50 cm • **Alter:** mehrjährig

Den essbaren Stranddreizack kann man auf den ersten Blick mit dem Strand-Wegerich verwechseln. Seine Blütenstände sind jedoch länger und seine Blätter dünner und fleischiger als die des Wegerichs. Wenn man ein Blatt zwischen den Fingern zerdrückt, riecht es nach Chlor – aus diesem Grund ist er auch für Weidevieh schlecht verträglich. Als »Röhrkohl« wird er nach dem Kochen in Wasser verzehrt.

### Gewöhnliche Strandsimse
*Bolboschoenus (scirpus) maritimus*

**Aussehen:** Blütenstand mit zahleichen dunkelbräunlichen, gebündelt zusammenstehenden Ährchen; Blätter grün, unten braun; bildet Ausläufer mit dicker Spitze; Stängel dreikantig, aufrecht wachsend • **Blüte:** Juni bis August • **Größe:** Ährchen bis 20 mm lang, Blätter bis 10 mm breit, bis 1,20 m lang • **Alter:** mehrjährig

Dieses eindrucksvolle große Sauergras erreicht am Brackwasser der Flussmündungen seine volle Länge. Die Gewöhnliche Strandsimse ist fest durch einen ausdauernden Wurzelstock im Boden verankert. Sie erträgt das salzige Meerwasser nur begrenzt.

### Salz-Schlickgras  *Spartina anglica*

**Aussehen:** grüngelbliche Blütenstände in verzweigten, ährenähnlich aufgebauten Ästen; Blätter graugrün, waagerecht bis aufrecht abstehend • **Blüte:** Juli bis Oktober • **Größe:** Blütenstände bis 20 cm lang, Blätter bis 15 mm breit und 50 cm lang, bis ca. 1,20 m hoch • **Alter:** mehrjährig

Das Salz-Schlickgras ist vor über 100 Jahren durch spontane Neubildung (Chromosomenverdoppelung) in England entstanden. Es wurde in den 1920er Jahren zur Landgewinnung im Wattenmeer angepflanzt. Heute ist es überall in der Quellerzone und in den Salzwiesen verbreitet. Es führt jedoch in der Quellerzone durch seine Horste zu Auskolkungen und verdrängt in der Salzwiese andere Arten – Naturschutz und Küstenschutz wären es daher gerne wieder los.

### Andel/Strand-Salzschwaden
*Puccinellia maritima*

**Aussehen:** beige, teils violett markierte Rispen, Äste abstehend oder hochgefaltet, Ährchen mit 3–6 Blüten; Blätter fleischig und lang; Halme mit Knick, liegend und aufrecht • **Blüte:** Juni bis September • **Größe:** bis 60 cm hoch • **Alter:** mehrjährig

Bei Wildtieren, Gänsen und Haustieren ist der Andel ein beliebtes Weidegras. Er steht überall im Überflutungsbereich.

# Blütenpflanzen auf Düne, Strand und Felseninsel

Wer im Sommer von der Aussichtsplattform einer Inseldüne über Sand, Strand und Meer blickt und dazu von einem sanften Seewind umwoben wird, in dem steigt eine Ahnung von der Schönheit auf, die die Natur zu bieten hat. Das kann sich jedoch sehr schnell ändern: Es braucht nur wenige Stunden, damit aus dem sanften Wind ein leibhaftiger Sturm wird und man sich nur mit aller Kraft oben auf der Plattform halten kann. Der Strand geht in tosender Gischt unter, und der Sand pfeift einem um die Ohren, als würde man von Heerscharen böser Geister mit Katapulten beschossen.

**Dünen bilden an der gesamten Küste die höchsten Landmarken. Nur wenige Kliffs und Geestkerne auf dem Festland und einigen nordfriesischen Inseln erreichen ähnliche Höhen. Viele Inselgemeinden haben besuchenswerte Aussichtsplattformen auf den höchsten Dünen errichtet.**

## Labil und in ständiger Veränderung

Dünen bestehen aus gleichförmigen und gleich großen Sandkörnern, die der Wind sortiert hat. Deshalb rutscht oder versinkt der Fuß bei jedem Tritt. Ohne Pflanzenbewuchs würden die meisten Dünen wandern und die Inseln und die Dünen – unter dem Angriff von Meer und Wind – weitergetrieben. **Heute existieren an der deutschen Nordseeküste noch drei aktive Wanderdünen im Norden der Insel Sylt** (siehe Foto).

Strandquecke und Strandhafer halten den Sand fest. Die mit der Gartenquecke verwandte Strandquecke hat einen Vorteil: Sie verträgt Salz. Deshalb wächst sie bereits auf den ersten Vordünen, die der Wind hinter dem Strandwall

Wanderdüne im Listland (Sylt)

aufwirft. Landseits vom Strand und seinen Minidünen wurden aus ehemaligen Vordünen stattliche Weißdünen. Bis auf 10, 15, manchmal 20 Meter Höhe über dem Meeresniveau wachsen sie heran. Ihre Existenz verdanken sie dem Wind, der fast ohne Unterlass Sand vom Strand landeinwärts bläst. Aber ihr Überdauern in Jahrzehnten oder sogar Jahrhunderten schulden sie dem Strandhafer: Er beruhigt den Wind an der Dünenoberfläche, hält den Sand und treibt nach jeder Übersandung neue Ausläufer und Sprossen nach oben. Als Dünenwanderer geht man vom Meer kommend durch die Weißdüne in eine Landschaft hinein, die einem fremd vorkommt. Hier wachsen weder saftig grünes Gras noch blühende Kräuter, Sträucher und hohe Bäume wie im Binnenland.

### Karge Dünenlandschaft

Erst auf den zweiten Blick hat die Dünenlandschaft ihren Reiz als eine Landschaft von der Gnade des Meeres, die entsteht und irgendwann untergeht durch Wind, Wasser und Orkan. Nur mit großen Küstenschutzwerken aus Sandvorspülungen, Dünenbepflanzungen, Beton und Stein werden die Dünen und Inseln stabilisiert.

Die **Weißdüne** verdankt ihren Namen dem überall hell durch das Dünengras schimmernden Sand. Sie steht nahe am Strand und wird ständig mit neuem Sand versorgt. Auf ihrer Rückseite zur Land- beziehungsweise Inseleninnenseite liegen Dünen, die schon älter sind und durch die Weißdüne vor Wind und neuem Sand geschützt sind: die **Graudünen**. Auf ihnen siedeln Pflanzen, die nicht mit aufgehäuftem Sand hochwachsen – Sandseggen, anspruchslose Gräser wie das Wiesen-Rispengras und im Windschutz der Sanddorn und die Kartoffelrose. Bei besserer Bodenfeuchte wachsen Kriech-Weide und Holunder. Mit zunehmendem Alter wird der Sandboden der Dünen ärmer an Kalk und Nährstoffen. Silbergras und Schafschwingel treten dann auf, die Graudüne wandelt sich zur **Braundüne**. Das hierfür erforderliche Dünenalter wird aber nur auf wenigen Inseln erreicht. Kargheitsspezialisten wie die Besenheide, Tüpfelfarn und das Silbergras siedeln auf diesen Böden. In den älteren Dünen zeichnen sich dicht bewachsene **Dünentäler** als grüne Bänder ab. Sie bilden ein Gestrüpp mit Sträuchern und Bäumen. Die Süßwasserlinse unter der Insel erreicht hier die Bodenoberfläche. Sogar seltene Amphibien wie die Kreuzkröte leben in diesen Feuchtbiotopen.

Graudünen und Dünentäler, Baltrum

## Gewöhnlicher Tüpfelfarn
*Polypodium vulgare*

**Aussehen:** ganzjährig grüne, wechselständig gefiederte Wedel, Sporenreife Juli bis Oktober; Sporen auffällig rund, grünlich braun beidseitig des Mittelnervs der Fieder • **Größe:** bis 50 cm lang (mit Rhizom) • **Alter:** mehrjährig

Der Tüpfelfarn wird als häufiger Farn den Blütenpflanzen vorangestellt. Er kommt im Binnenland unter anderem in Birken- und Eichenwäldern und auf Mauern vor. Er bedeckt auf einigen Inseln größere Flächen in den Dünen. Seinen Wasserbedarf kann er über seine Blattwedel decken. Er wird auch »Engelsüß« genannt, weil sein Rhizom Zuckerstoffe enthält.

## Strand-Salzkraut *Salsola kali*

**Aussehen:** grüne bis dunkelgrüne Pflanze, 1–3 winzige Blüten in den Blattachsen; Blätter direkt am Stängel sitzend, in Stachel auslaufend; kräftige verzweigte Sprossachsen • **Blüte:** Juli bis September • **Größe:** bis 50 cm hoch • **Alter:** einjährig

Das Strand-Salzkraut wächst gerne am Strand und an den Dünen, ist aber nicht sehr häufig. Die Bestäubung der Miniblüten erfolgt durch den Wind. Das Kraut enthält Natrium und Kaliumsalze, die früher gewonnen und für die Herstellung von Seife und Glas verwendet wurden.

## Salzmiere *Honckenya peploides*

**Aussehen:** weiße, unscheinbare Blüten an der Spitze der Triebe; Blüten männlich, weiblich oder Zwitter; Blätter dickfleischig, grün, kreuzweise gegenständig, immergrün • **Blüte:** Mai bis August • **Größe:** Blüten bis 10 mm Ø, Blätter bis 20 mm lang, Stängel ca. 5–25 cm hoch • **Alter:** mehrjährig

Diese kleine Pflanze tritt nur in der Vielzahl auf und vermehrt sich auch über Wurzelausläufer. Sie ist eine Überlebenskünstlerin am sandigen Meeresstrand. Die Bestäubung der Blüten kann durch Insekten oder durch Flugsand erfolgen. Das Salz scheidet sie durch Salzdrüsen aus. Wasser behält die Salzmiere in ihren dicken und festen Blättern zurück. Sie ist gut im Sand verwurzelt, bildet Ausläufer und wächst neu nach oben, wenn sie übersandet wird.

### Dünen-Stiefmütterchen  *Viola tricolor* var. *maritima*

**Aussehen:** blauviolette, teils weiße Blüten mit gelbem Schlund, zwittrig, kleiner als beim Gewöhnlichen Stiefmütterchen; schmale Blätter und Nebenblätter • **Blüte:** Mai bis September • **Größe:** bis 40 cm lang • **Alter:** mehrjährig

Das Dünen-Stiefmütterchen wächst auf Sand und Dünen. Die Blüten werden durch Insekten bestäubt.

### Sand-Grasnelke  *Armeria maritima* ssp. *elongata*

**Aussehen:** auffällige rosa Blüten auf Stängeln, stehen dicht im Blütenkopf, zweigeschlechtlich; Blätter von Bodenrosette ausgehend, schmal, grasähnlich, aber fleischig • **Blüte:** Mai bis Oktober • **Größe:** Blüten 15–25 mm Ø, Blätter max. 3 mm breit, 20–50 cm hoch • **Alter:** mehrjährig

Ähnlich ist die etwas kleinere **Strand-Grasnelke** (vgl. S. 157).

### Atlantischer Wildkohl/Klippenkohl
*Brassica oleracea*

**Aussehen:** gelbe Blüten an hoch aufgewachsenen, oben kahlen Trieben; Blätter graugrün • **Blüte:** Mai bis September • **Größe:** Früchte in Schoten 7–10 cm lang, Pflanze bis 1,20 m hoch • **Alter:** mehrjährig

Der Klippenkohl ist die Wildform der zahlreichen Varianten von Gemüsekohl und kommt in der südöstlichen Nordsee nur auf Helgoland vor.

### Dünen-/Kriech-Weide
*Salix repens* ssp. *dunensis*

**Aussehen:** silbrig-grüne Blätter, breit und elliptisch, zweieinhalbmal so lang wie breit; Äste rotbraun, dicht verzweigt, am Boden und aufrecht; männliche oder weibliche Sträucher, Kätzchen kurz vor den Blättern • **Blüte:** April/Mai • **Größe:** wenige Zentimeter bis 1 m hoch • **Alter:** mehrjährig

Die Dünen-Weiden sind küstennah besonders in den Graudünen anzutreffen. Das Foto zeigt einen weiblichen Strauch in voller Reife bei der Abgabe der lang behaarten Samen (Windverbreitung).

### Europäischer Meersenf  *Cakile maritima*

**Aussehen:** rosa bis weiße Blüten, zweigeschlechtlich, in traubigem Blütenstand, der sich mit dem Wachstum neuer Blüten verlängert; Blätter grün, verdickt, tief fiederteilig; Pflanzen verzweigt, aufrecht oder teilweise liegend • **Blüte:** Juni bis September • **Größe:** Blüten ca. 10 mm Ø, bis 40 cm lang • **Alter:** mehrjährig

Meersenf ist zur Urlaubszeit eine auffällige Blütenpflanze am oberen Sandstrand. Er wurzelt tief und speichert (Süß-)Wasser. Mit seinen dickfleischigen Blättern verträgt der Meersenf relativ viel Salz und wächst am Spülsaum, wo der Sand genügend Nährstoffe enthält. Er verbreitet sich mit Hilfe von Samen, die im Meerwasser schwimmen.

### Schwarze Krähenbeere  *Empetrum nigrum*

**Aussehen:** rötliche kleine Blüten in den Blattachsen, getrenntgeschlechtlich; Blätter nadelähnlich, jedoch weich, Ränder unten umgeschlagen; grünschwarze Früchte in Form großer Beeren • **Blüte:** Mai/Juni • **Größe:** bis 40 cm lang • **Alter:** mehrjährig

Schwarze Krähenbeeren besiedeln oft Teile der Grau- und Braundünen. Die Verbreitung der Samen erfolgt über Vögel, daher der Name »Krähen«beere. Die Beeren finden in der nordeuropäischen Küche vielfache Verwendung.

### Heidekraut/Besenheide  *Calluna vulgaris*

**Aussehen:** kleine lilarote Blüten, sehr zahlreich an den Zweigen; Blätter klein, fest, grün, gegenständig; Triebe hölzern • **Blüte:** August bis Oktober • **Größe:** Blüten bis 4 mm groß, Blätter bis 4 mm lang, meist 30–40 cm hoch • **Alter:** bis 40 Jahre

An der Küste wuchs das Heidekraut früher (19. Jahrhundert) flächendeckend auf nährstoffarmen Sandböden. Die Bauern schlugen aus der Heide Plaggen (nd.) für die Vieheinstreu und beweideten sie mit Schafen. Bei Übernutzung entstanden wieder Dünen. Heute gibt es auf der Geest und den Kliffs am Wattenmeer nur noch Restbestände an Küstenheiden. In den Dünen findet man sie auf ausgemagerten Braundünen.

### Scharfer Mauerpfeffer  *Sedum acre*

**Aussehen:** goldgelbe Blüten, überragen die Triebe; dicke Blätter, dicht den Stängel bedeckend; Einzelpflanzen verzweigt, im Bogen aufsteigend • **Blüte:** Juni bis August • **Größe:** Blüten ca. 10–15 mm Ø, Blätter 4 mm lang, 5–15 cm hoch • **Alter:** mehrjährig

Wenn man darauf beißt, schmecken die Stängel des Scharfen Mauerpfeffers meist scharf. Er ist auch im Binnenland verbreitet. Mit seinen dicken Blättern speichert er Wasser, zusätzlich kann er bei Wassermangel seinen Stoffwechsel wassersparend umschalten. Damit ist er für ein Leben in den Dünen und auf Küstensand bestens ausgestattet.

### Dünen-/Bibernell-Rose
*Rosa spinosissima (pimpinellifolia)*

**Aussehen:** auffällige weiße Blüten, zwittrig; schwarze runde Früchte (Hagebutten); Blätter mehrfach gefiedert, glatt; Zweige braun, Äste verholzt und dunkelbraun, vielfach bedornt, Bodenausläufer • **Blüte:** Mai/Juni • **Größe:** Blüten bis 4 cm Ø, bis 1 m hoch • **Alter:** mehrjährig

Die Dünenrose wächst durch ihre Vermehrung über Ausläufer in Gruppen auf den Graudünen, kann sich aber schwerlich gegen die Kartoffelrose behaupten. Zusätzlich höhlen oft Kaninchenbauten ihren Wurzelbereich aus. Die Samen werden von Vögeln beim Verzehr der Hagebutten verbreitet. Die sind auch für den Menschen für Tee, Marmelade und Ähnliches nutzbar.

### Kartoffelrose  *Rosa rugosa*

**Aussehen:** große rote oder weiße Blüten; Kronblätter erscheinen zerknittert, zwittrig, große rote Früchte/Hagebutten; Blätter breit, elliptisch, gefiedert und durch Blattnerven runzelig aussehend; Äste mit zahlreichen Stacheln besetzt • **Blüte:** Mai bis September • **Größe:** Blüten bis 6 cm Ø, Strauch bis 2 m hoch • **Alter:** mehrjährig

Die Kartoffelrose wurde vor etwa 150 Jahren aus Ostasien eingeführt. Wegen ihrer Blütenpracht pflanzen Landschaftsgärtner sie gerne. In den Küstendünen erweist sie sich als salztolerant und wächst stärker als viele vorher dort lebende Pflanzen, die sie verdrängt.

### Dünen-Hauhechel  *Ononis repens* ssp. *repens*

**Aussehen:** auffällige lilarot bis weiße Schmetterlingsblüten, jeweils in der Blattachse; Blätter als dreiteilige Fieder, oval; Triebe flach in der Vegetation oder aufrecht wachsend, Dornen meist wenige und weich • **Blüte:** Juni/Juli • **Größe:** Blätter bis ca. 20 mm lang, Pflanze bis ca. 50 cm lang. • **Alter:** mehrjährig

Viele Botaniker sehen in der Pflanze eine eigene Unterart der Kriechenden Hauhechel. Sie verträgt Trockenheit, steinig-sandigen Boden und die Sonne. Ähnlich ist die **Dornige Hauhechel** *Ononis spinosa*.

### Strand-Platterbse  *Lathyrus maritimus*

**Aussehen:** große lilarot bis weiße Schmetterlingsblüten, gealtert blau, Blütenstand traubenförmig auf einem Stängel aus der Blattachse wachsend; Blätter bis fünfpaarig gefiedert, Teilblätter elliptisch; Triebe bodennah oder rankend • **Blüte:** Juni bis August • **Größe:** Blätter bis 45 mm lang, Pflanze bis ca. 50 cm lang • **Alter:** mehrjährig

Die Strand-Platterbse überrascht mit ihren auffälligen Blüten, ist immergrün und durch Ausläufer im Sand verankert. Mit den Ranken hält sie sich am Strandhafer fest. Ihre Samen überleben im Seewasser.

### Küsten-Sanddorn  *Hippophae rhamnoides*

**Aussehen:** männliche und weibliche Sträucher, Blüten unscheinbar klein; Blätter graugrün und schmal; Sträucher weitläufig verwurzelt, Äste mit starken Dornen • **Blüte:** April/Mai • **Größe:** Blätter ca. 5 cm lang, Pflanze meist bis ca. 3 m hoch • **Alter:** mehrjährig

Im Spätsommer fallen die orangeroten, erbsengroßen Früchte des Küsten-Sanddorns an den weiblichen Sträuchern auf. Ursprünglich stammt die Pflanze aus Asien, ist aber schon lange an der Küste zu Hause. Sanddorn verankert sich mit zehn Meter langen Wurzelausläufern tief im Sand. Oft wird er im Küsten- und Dünenschutz angepflanzt. Die vitaminreichen Früchte werden unter anderem zu Saft, Marmelade und Früchtetee verarbeitet.

### Stranddistel  *Eryngium maritimum*

**Aussehen:** bläulich silberne, kugelförmige Blütenstände mit zahlreichen kleinen bläulichen Blüten; dreispitzige, stechende Hüllblätter; Blätter gestielt, mehrspitzig, stachelig • **Blüte:** Juni bis Oktober • **Größe:** Blüten bis 4 cm Ø, bis ca. 50 cm lang • **Alter:** mehrjährig

Die Stranddistel ist mit ihrer dornig-frostigen Schönheit die Eisprinzessin der Weißdüne. Sie braucht wie der Strandhafer immer wieder frischen Sand, mit einer mehrere Meter langen Pfahlwurzel verankert sie sich in der Düne. Die harten Blattränder und die silbrige, mit Wachs überzogene Oberfläche schützen sie gegen die vom Wind geblasenen Sandkörner und vor dem Austrocknen.

### Berg-Sandglöckchen
*Jasione montana* var. *litoralis*

**Aussehen:** blaue Köpfchen aus zahlreichen Blüten, auf langem Stängel; Blätter im unteren Stängelbereich, lanzettförmig, Rand gewellt • **Blüte:** Juni bis September • **Größe:** Blütenstand 1,5–2,5 cm Ø, bis 40 cm lang • **Alter:** 1–2-jährig • **Vorkommen:** gelegentlich in den Graudünen, im Binnenland selten

Das Berg-Sandglöckchen ist ein an Gebirgsstandorten vertretenes Glockenblumengewächs. Es benötigt kalkarme, magere Standorte, die es an der Küste in den Graudünen findet. Seine Wurzel reicht bis einen Meter tief.

### Sand-Thymian  *Thymus serpyllum*

**Aussehen:** lilarote Lippenblüten, zwittrig; Blättchen schmal elliptisch, dicht am rötlichen, behaarten Stängel; Äste liegend und aufsteigend; immergrün • **Blüte:** Juli bis September • **Größe:** 2–10 cm hoch • **Alter:** mehrjährig • **Vorkommen:** auf den Graudünen der Nordfriesischen Inseln, im Binnenland eher im Osten

## Echtes Labkraut  *Galium verum*

**Aussehen:** auffällige gelbe Blütenstände, zwittrig; Blätter linealisch, zu 8–12 in Wirteln an der Sprossachse; Stängel liegend und aufsteigend • **Blüte:** Juni bis September • **Größe:** bis 70 cm hoch • **Alter:** 1–2-jährig • **Vorkommen:** auf den Grau- und Braundünen und in Helgoland

## Acker-/Dünen-Gänsedistel
*Sonchus arvensis* ssp.*uliginosus*

**Aussehen:** gelborangefarbene Korbblüten; Blätter schmal, grob gesägt, unten groß; dunkelgrüner Stängel, oben verzweigt und glatt • **Blüte:** Juli bis Oktober • **Größe:** Blüte bis 3 cm Ø, bis 1,50 m • **Alter:** mehrjährig • **Vorkommen:** wurzelt bis 2 Meter tief in der Graudüne

## Habichtskraut  Gattung *Hieracium*

**Aussehen:** gelbe Korbblüten auf langem, aufsteigendem, manchmal oben verzweigtem Stängel; Blätter als bodennahe Blattrosette • **Blüte:** Sommer bis Herbst • **Größe:** 10 cm bis über 1 m

An der Küste gibt es mehrere schwer zu bestimmende Arten.

### Sandsegge  *Carex arenaria*

**Aussehen:** bräunliche Blütenstände, deren obere Blüten männlich, die mittleren zwittrig und die unteren weiblich sind; Blütenstängel und die sehr schmalen Blätter aufrecht wachsend • **Blüte:** Mai/Juni • **Größe:** bis ca. 15–30 cm hoch (im Schatten höher) • **Alter:** mehrjährig

Jede Strandsegge verwurzelt sich selber tief im offenen Dünensand und bildet dann viele Meter lange, gerade Ausläufer, an deren Knoten wie an einer Perlenkette neue Seggen wachsen. Im Dünenschutz hat sie daher den Spitznamen »Dünen-Nähmaschine«. Sie erträgt keine Überflutung mit Meerwasser.

### Silbergras  *Corynephorus canescens*

**Aussehen:** grünlich graue Blütenstände mit je 2 Blüten in einem Ährchen; Blätter steif, zusammengerollt und spitz, silbrig bis grün; wintergrün • **Blüte:** Juni bis August • **Größe:** bis 30 cm hoch • **Alter:** mehrjährig

Das Silbergras wächst in dichten, »stacheligen« Horsten auf den Grau- und Braundünen. Selbst Schafe verschmähen dieses genügsame Gras, bei starkem Frost kann es jedoch absterben.

### Strandhafer/Helm  Ammophila arenaria

**Aussehen:** beigefarbene Blütenstände, rund und dick; Blätter blaugrün, oft eingerollt, spitz • **Blüte:** Juni/Juli • **Größe:** Blütenstände 15 cm lang, Blätter nur wenige Millimeter breit, bis 1,20 m hoch • **Alter:** mehrjährig

Der Strandhafer ist die Dünenpflanze schlechthin, ein robustes, hartes Gras. Wo er wächst, raspelt der Wind ständig mit Sandkörnern an allem, was hochsteht. Mit senkrechten und waagerechten Ausläufern (bis sechs Meter) verankert sich jede Pflanze in mehreren Stockwerken in der Düne. Sie bremsen den Wind, sodass sich Sand ablagert, Strandhafer wird daher oft für den Küsten- und Dünenschutz angepflanzt. Wenn ihn das Meer erreicht, stirbt er wegen seiner Salzempfindlichkeit ab. Er benötigt Regen und Sandüberdeckung.

## Strandquecke/Binsenquecke
*Elymus farctus*

**Aussehen:** grünliche Blütenstände; Blätter lang und gebogen, an der Spitze eingerollt • **Blüte:** Juni bis August • **Größe:** Blütenstände ca. 20 cm lang, Blätter bis 8 mm breit, Halme bis 80 cm hoch • **Alter:** mehrjährig

Die Strandquecke ist mit der im Garten gefürchteten Gemeinen Quecke verwandt. Ihre Fähigkeit, schnell lange Ausläufer zu bilden und in hohem Maße Salz zu ertragen, macht sie zur Pionierpflanze bei der Dünenbildung am Strand. In höheren Dünen setzt sich der Strandhafer durch. Ähnlich, aber etwas kleiner ist die **Dünenquecke** *Elymus athericus*.

## Strandroggen/Blauer Helm
*Leymus arenarius*

**Aussehen:** Blütenstände bleichen aus, dann sandfarben, deutlich dünner und länger als beim Strandhafer; Blätter blaugrün, an der Spitze eingerollt und stechend • **Blüte:** Mai bis August • **Größe:** Blütenstände bis max. 30 cm lang, Blätter meist über 10 mm breit, bis 1,50 m hoch • **Alter:** mehrjährig

Der Strandroggen wächst neben dem Strandhafer auf Sandwällen oder Dünen und verträgt mehr Salz. Ausläufer verankern jede Pflanze, weswegen der Küsten- und Dünenschutz ihn häufig anpflanzt. Bei rascher Übersandung reagiert der Strandroggen empfindlich.

### Besonderheit der Dünen: Sturmflut- und Dünentäler

Zwischen den Dünen erreichen tief eingeschnittene Täler den Grundwasserspiegel. Es entwickeln sich kleine Oasen mit einer üppigen grünen Pflanzenwelt, die im Kontrast zur kargen und trockenen Dünenumgebung stehen. Hier wachsen Feuchtigkeit liebende und sogar typische Moorpflanzen. Ein ähnlicher Lebensraum sind auch die Inselsturmfluttäler auf den Ostfriesischen Inseln. Dort quert das Meer bei Orkan die Insel, und zurück bleiben Niederungen mit Kleingewässern. Dort gedeihen unter anderem folgende Arten:

### Holunder   *Sambucus nigra*

**Aussehen:** weißgelbliche, untertassengroße und aus vielen Einzelblüten bestehende Blütenstände, reife Früchte schwarz; Blätter gefiedert • **Blüte:** Mai bis Juli • **Größe:** Blätter bis 30 cm lang, Strauch oder Baum bis 7 m hoch • **Alter:** bis 20 Jahre

Holunder wächst üppig in den Tälern der Dünen. In guten Jahren siedelt er sich auch neben Sanddorn und Vogelbeere in der windgeschützten Graudüne an. Wenn Nährstoffe oder die Süßwasserversorgung abnehmen, stirbt er. Holunderbeeren sind roh leicht giftig, nach Erhitzen verzehrbar. Die Pflanze ist auch im Binnenland verbreitet.

### Sumpf-Herzblatt   *Parnassia palustris*

**Aussehen:** weiße Blüte; langer Stiel; grüne herzförmige, an der Basis sitzende Blätter, eines den Stängel umfassend • **Blüte:** Juli bis September • **Größe:** Blüte bis 3 cm Ø, bis 20 cm hoch • **Alter:** mehrjährig • **Vorkommen:** nur an feuchten Standorten der Dünen- und Inselsturmfluttäler; auf der Nordhalbkugel verbreitet, aber selten

Bei der Blüte des Sumpf-Herzblatts reifen erst einzeln nacheinander die männlichen Staubblätter und werden abgeworfen (auf dem Foto noch eines vorhanden). Danach wird die Blüte nur noch mit der Narbe weiblich. Die ganze Blühzeit hindurch locken Duftstoffe und scheinbare Gebilde von Nektar und Honigtröpfchen Fliegen an.

# Naturschutz an der Küste

Braucht ein so großes Meer, dessen Grenzen man gar nicht sehen kann, überhaupt einen besonderen Schutz? Jahrhundertelang wurde diese Frage klar mit »Nein« beantwortet. **Die Meere waren frei.** Wer die Kraft und die Intelligenz hatte, sich auf der offenen See und an unbewohnten Küsten zu bewegen, konnte machen, was er wollte. Um diese Freiheit und um die Hoffnung, mit großem Reichtum heimzukehren, drehte sich das Denken in vielen Küstenorten.

In der Nordsee waren die Großsäugetiere (vermutlich Grauwale und Robben) die ersten Lebewesen, die diese Freiheit des Menschen zur Eroberung der Meere mit dem Leben und teilweise der Ausrottung ihrer Art bezahlen mussten. In der Neuzeit wandte sich das Interesse des damaligen »großen Geldes« – der Besitzenden und der Kaufleute – den offenen Ozeanen und dem Tierreichtum des Nordatlantischen Ozeans zu. In der Nordsee rückte der schier unerschöpfliche Fischreichtum in den Blick. Das blieb so, bis sich die das Meer umgebenden Länder zu Industriegesellschaften wandelten.

### Neue Nutzungsmöglichkeit – neue Gefahr

Die modernen Gesellschaften entdeckten immer neue Vorteile des Meeres: Es kann Abwässer und Abfälle aus der Industrieproduktion und den Städten aufnehmen, bietet riesige Transportkapazitäten, Platz für Leitungen und Rohre aller Art, zahlreiche verschiedene Bodenschätze, Windenergie ohne Ende und vieles mehr. Die Küsten wurden vielerorts zu einem Gewerbeareal für Erholungs- und Unterhaltungssuchende ausgebaut. **Leider hinkt der Schutz der Tiere und Pflanzen, der geologischen Formationen und der Lebensräume hinter diesen Entwicklungen stets um sehr viele Schritte hinterher.**

Noch in den 1970er Jahren diente die Nordsee der Müll- und sogar Sondermüllentsorgung der deutschen Industrie. Gleichzeitig transportierten die großen Flüsse jährlich Tausende Tonnen Chemikalien, Kupfer, Blei und weitere Schwermetalle in Wattenmeer und Nordsee. Ende des Jahrzehnts begann vorsichtig ein Umdenken, und in den 1990er Jahren fand erstmals auch der Naturschutz Eingang in internationale Konventionen.

An der Nordseeküste kostete es eine Menge Überzeugungsarbeit, bis die **Nationalparks** gegründet werden konnten. Schleswig-Holstein schaffte es 1985, Niedersachsen 1986. In Hamburg musste man sich erst von alten Planungen zum Bau eines Großhafens auf Scharhörn trennen. 1990 gründete

Hamburg seinen Nationalpark mit den drei Inseln Nigehörn, Scharhörn und Neuwerk. Damit war der größte Teil des Wattenmeeres erst einmal geschützt, und eine trilaterale Zusammenarbeit mit den Niederlanden und Dänemark konnte beginnen. 2009 erfolgte sogar die Ernennung zum Weltnaturerbe durch die UNESCO (Hamburgisches Wattenmeer: 2011, dänischer Teil: 2014).

### Zielsetzungen für die Nationalparks

Am Anfang stand die Idee, eine wilde, vom Menschen wenig oder nicht beeinflusste Natur zu erhalten. In der heutigen Definition der IUCN (International Union for Conservation of Nature) geht es darum, **die Unversehrtheit eines oder mehrerer Ökosysteme zu schützen und für die jetzige und zukünftige Generationen zu erhalten.**

| Land | Gesamt-fläche in km² | davon Schutzzone 1 | davon Schutzzone 2 | Erholungs-zone |
|---|---|---|---|---|
| Schleswig-Holstein | 4410 | 1570[1] | 2840[2] | |
| Niedersachsen | 3457 | 2369 | 1071 | 17 |
| Hamburg | 137 | 125 | 12 | |

Schutzzone 1= stark geschützt, Schutzzone 2 erlaubt zahlreiche Ausnahmen
[1] davon 125 km² nutzungsfreies Gebiet
[2] davon 1240 km² Walschutzgebiet in der Nordsee

**Für den Tourismus war und ist der Nationalpark ein Segen. Doch die vielen Millionen Gäste müssen betreut und ihre Abfälle entsorgt werden. Der Landverbrauch durch den Tourismus erfordert eine politische Begrenzung.**

### Es bleibt viel zu tun

Für die Nationalparkverwaltungen und die Politik ist die Arbeit längst nicht zu Ende. Die Nationalparks wurden neben einer viele Jahrhunderte alten Kulturlandschaft mit dem Ziel gegründet, schrittweise einen Park zu entwickeln, in dem in einer fernen Zukunft tatsächlich die Natur sich selbst überlassen bleibt. Das ist ein Ziel, dem man nur in kleinen Schritten näher kommt. **Die Schwächsten an der Küste haben auch die schwächste Lobby: Vögel, Pflanzen, Watttiere. Eigentlich gehört ihnen der Nationalpark. Wir Menschen** sollten uns dort wie die Besucher benehmen, die wir sind. Die Lebewesen brauchen bei den extrem hohen Touristenzahlen die Einhaltung von Regeln, um zu überleben. Dazu zählen:

- Im Nationalpark auf den Wegen bleiben
- Abstand zu Vögeln halten
- Hunde zur Brutzeit und bei Anwesenheit von Vögeln immer anleinen
- Die Schilder der Nationalparkverwaltung und Hinweisschilder beachten

Wer Gefallen an der Natur im Wattenmeer und an der Küste gefunden hat, der sollte es weitererzählen. Denn es muss sich herumsprechen, dass die Natur mit ihren Tieren und Pflanzen einen Wert für sich selbst hat. Auch wenn man diesen Wert nicht in Cent und Euro ausrechnen oder auf dem Konto gutschreiben kann.

# Anhang

## Weitere Informationen

### Wattenmeer-Zentren, Naturmuseen, Seehundstationen

**UNESCO-Weltnaturerbe Wattenmeer-Besucherzentrum Cuxhaven**
Nordheimstraße 200, 27476 Cuxhaven, Tel.: 04721–5905610

**Nationalpark-Haus Husum**
Hafenstraße 3, 25813 Husum, Tel.: 04841–668530

**Nationalpark-Haus Greetsiel**
Schatthauser Weg 6, 26736 Krummhörn-Greetsiel, Tel.: 04926–2041

**Nationalpark-Haus Neuwerk**
Insel Neuwerk 6, 27499 Hamburg-Insel Neuwerk, Tel.: 04721–395349

**Nationalpark-Haus und Seehundstation Norddeich**
Dörper Weg 24, 26506 Norden-Norddeich, Tel.: 04931–8919

**Multimar Wattforum**
Dithmarscher Straße 6a, 25832 Tönning, Tel.: 04861–9620

**NABU Naturzentrum Katinger Watt**
Katingsiel 14, 25832 Tönning, Tel.: 04862–8004

**UNESCO-Weltnaturerbe Wattenmeer Besucherzentrum Nationalpark-Zentrum Wilhelmshaven**
Am Südstrand 110b, 26382 Wilhelmshaven, Tel.: 04421–91070

Große oder kleine Nationalparkhäuser gibt es in weiteren Orten und auf allen Inseln. Ausstellungen zum Nationalpark haben auch:

**Klimahaus® Betriebsgesellschaft mbH**
Am Längengrad 8, 27568 Bremerhaven, Tel.: 0471–9020300

**Seehundstation Friedrichskoog e. V.**
An der Seeschleuse 4, 25718 Friedrichskoog, Tel.: 04854–1372

**Erlebniszentrum Naturgewalten Sylt**
Hafenstraße 37, 25992 List (Sylt), Tel.: 04651–836190

**Naturkundemuseum Niebüll e. V.**
Hauptstraße 108, 25899 Niebüll, Tel.: 04661–5691

**Westküstenpark & Robbarium**
Wohldweg 6, 25826 St. Peter-Ording, Tel.: 04863–3044

# Internetseiten und Bücher

### Internet
Alle drei Wattenmeer-Nationalparks sind vertreten unter:
**www.nationalpark-wattenmeer.de**
**www.weltnaturerbe-wattenmeer.de**
**www.waddensea-secretariat.org** (länderübergreifend)

Touristische Informationen: für die niedersächsische Küste bietet:
**www.die-nordsee.de** (für die niedersächsische Küste )
**www.nordseetourismus.de** (für die schleswig-holsteinische Küste )
Fast alle Gemeinden und Städte an der Küste unterhalten eigene Websites, in denen Wattführungen und die örtlich wichtigen Informationen zu finden sind.

Naturschutzverbände an der Küste:
**www.bund.net**
**www.jordsand.de**
**www.nabu.de**
**www.schutzstation-wattenmeer.de**
**www.wwf.de**
Weitere Verbände gibt es auf Ortsebene.

### Einige weiterführende Bücher
Borcherding, R.: *Seevögel und ihre Federn*. Kiel/Hamburg 2015.

Bundesamt für Seeschifffahrt und Hydrographie: *Gezeitenkalender 2015*. Hamburg/Rostock 2014.

Janke, K./Kremer, B. P.: *Düne, Strand und Wattenmeer*. Stuttgart 2015.

Meier, D.: *Weltnaturerbe Wattenmeer – Kulturlandschaft ohne Grenzen*. Heide 2010.

Rudolf, F.: *Strandfunde – Sammeln und Bestimmen*. Neumünster 2010.

Rudolf, F.: *Strandsteine – Sammeln und Bestimmen*. Neumünster 2012.

Stock, M./Bergmann, H.-H./Zucchi, H.: *Watt – Lebensraum zwischen Land und Meer*. Heide 2009.

Wilhelmsen, U./Stock, M.: *Wissen Wattenmeer*. Neumünster 2011.

# Literatur

van Bernem, C./Lübbe, T.: *Öl im Meer. Katastrophen und langfristige Belastungen.* Darmstadt 1997.

Borcherding, R.: *Naturführer Wattenmeer.* Neumünster/Hamburg 2013.

Chinery, M./Jung, I.: *Pareys Buch der Insekten. Über 2000 Insekten Europas.* Stuttgart 2004.

De Jong, F. et al. (eds.): *Wadden Sea Quality Status Report 1999.*

Ehlers, J.: *Die Nordsee. Vom Wattenmeer zum Nordatlantik.* Darmstadt 2008.

Glebe, W.: *Ebbe und Flut. Das Naturphänomen der Gezeiten einfach erklärt.* Bielefeld 2010.

Gröhn, C.: *Bernstein suchen und sammeln.* Neumünster/Hamburg 2013.

Haeupler, H./Muer, T.: *Bildatlas der Farn- und Blütenpflanzen Deutschlands.* Stuttgart 2007.

Hayward, P./Nelson-Smith, T./Shields, C./Kremer, M.: *Der neue Kosmos-Strandführer. 1500 Arten der Küsten Europas.* Stuttgart 2007.

Heydemann, B.: *Neuer Biologischer Atlas. Ökologie für Schleswig-Holstein und Hamburg.* Neumünster 1997.

Janke, K.: *Schnecken, Muscheln und Tintenfische an Nord- und Ostsee. Finden und Bestimmen.* Wiebelsheim 2010.

Klatt, E.: *Sylt, Geologie einer Nordseeinsel. Mit den schönsten geologischen Wanderungen.* Neumünster 2006.

Kölmel, R. (Hrsg.): *Wale an der Küste.* Balje 2004.

Kramp, W.: *Helgoland. Reisereif für die Insel.* Hamburg 2014.

Krug, J.: *Ebbe und Flut. Das Wunder der Gezeiten. Interessantes und Wissenswertes über das wohl faszinierendste Erscheinungsbild des Meeres, die Gezeiten.* Hohenkirchen 1993.

Landesamt für den Nationalpark Schleswig-Holsteinisches Wattenmeer und Umweltbundesamt (Hrsg.): *Umweltatlas Wattenmeer. Bd. I Nordfriesisches und Dithmarscher Wattenmeer.* Stuttgart 1998.

Lozán, J. L. (Hrsg.): *Warnsignale aus dem Wattenmeer. Wissenschaftliche Fakten.* Berlin [u. a.] 1994.

Lozán, J. L. (Hrsg.): *Warnsignale aus Nordsee & Wattenmeer. Eine aktuelle Umweltbilanz.* Hamburg 2003.

maribus gGmbH (Hrsg.): *world ocean review 2010. Mit den Meeren leben.* Hamburg 2010 (URL: http://eprints.uni-kiel.de/11936/1/WOR-dt_gesamt.pdf).

Nationalparkverwaltung Niedersächsisches Wattenmeer und Umweltbundesamt (Hrsg.): *Umweltatlas Wattenmeer. Bd. II Wattenmeer zwischen Elb- und Emsmündung.* Stuttgart 1999.

Newig, J.: *Sturmflut. Gefährdetes Land an der Nordseeküste.* Hamburg 2000.

Niedringhaus, R./Haeseler, V./Janiesch, P. (Hrsg.): *Die Flora und Fauna der Ostfriesischen Inseln – Einführung in das Projekt »Biodiversität im Nationalpark Niedersächsisches Wattenmeer«.* 2008.

OSPAR Commission 2000: *Quality Status Report 2000, Region II – Greater North Sea.* (URL: http://qsr2010.ospar.org/media/assessments/QSR_2000_Region_II.pdf?zoom_highlight=Quality%2Bstatus%2Breport%2B2000#search=%22Quality%20status%20report%202000%22).

Pott, R.: *Die Nordsee. Eine Natur- und Kulturgeschichte.* München 2003.

Quedens, G.: *Natur entdecken an der Nordsee. Am Strand und im Watt.* München 2010.

Reineck, H.-E./Behre, K.-E.: *Das Watt. Ablagerungs- und Lebensraum.* Frankfurt am Main 1978.

Reinicke, R.: *Nordsee-Funde.* Ribnitz-Damgarten 2010.

Reise, K.: *A natural history of the Wadden Sea. Riddled by contingencies.* Leeuwarden, Wilhelmshaven 2013.

Schauer, T./Caspari, C.: *Der BLV Pflanzenführer für unterwegs. 1150 Blumen, Gräser, Bäume und Sträucher.* München 2008.

Streif, H.: *Das ostfriesische Küstengebiet. Nordsee, Inseln, Watten und Marschen.* Berlin [u.a.] 1990.

Willmann, R.: *Muscheln und Schnecken der Nord- und Ostsee.* Melsungen 1989.

# Sach- und Ortsregister

Algenblüte 65, 147
Amphidromie 42, 45
Amrum 20
   Amrumer Odde 68
Anthropozän 35
Archsum 32
Ästuar 26
Baltrum 20
Benthal 14 f.
Bernstein 74 f.
Bevölkerungsdichte 35
Bodenalgen 39
Bodeneigenschaften 24, 54
Borkum 20
Brackwasser 26 f.
Bremen 42
BSH 46
Buntsandstein 17, 75
Büsum 41 f, 45 f.
Cuxhaven 26, 41
Dagebüll 23
Deichbruch 32
Deiche 31 f., 47 f.
Diffuser Eintrag 34
Doggerbank 13, 16
Dollart 32, 51
Donnerkeil 73
Drenthe-Stadium 29
Düne 30, 162 ff.
   Graudüne 20, 163
   Weißdüne 20, 163
   Braundüne 163
   Helgoland 17, 76 f.
Ebbe 22, 46
Ee 19
Eider 26, 51
Eiderstedt 25
Eisdecke 40
Eiszeitalter 29

Elbe 26, 30
Ems 26, 51
Ergussgestein 70
Feuerstein 72 f.
Fischfang 32 f.
Flussmündung 26 ff.
Flut 22, 46, 53
Fluttor 19, 22
Föhr 19, 23
Fossilien 73 ff.
Fotografieren 9
Gandersum 51
Geesthacht 26
Geestkern 21
Geschiebemergel 30
Gesteinsumwandlung 69, 71
Gezeiten 26, 41 ff.
   Gezeitenwelle 41 ff.
   Gezeitenerzeugende Kraft 42 f.
Gletscher 29 f., 66 f.
Gneis 69
Grabwerkzeug 112, 128
Granit 69
Hallig 23 f.
Hamburg 42, 175 f.
Hartholzaue 25
Helgoland 14, 17 ff., 67, 96 f., 147
Hochwasser 42 ff., 153 ff.
Hooge 23
Hörnum 49
Husum 154
Jadebusen 32
Jahreszeiten 37 ff.
Juist 19
Kalkstein 72
Kalziumkarbonat 72
Kampen 30, 66
Kieselsäure 72 f.
Kliff 21

Kotpillen 56 f., 59
Krabbenfischer 119
Kreide 72
Kreidezeit 17
Kunststoff 32, 62
Küstennebel 53
Küstenschutz 47 ff.
Lahnung 48
Land Wursten 41
Langeneß 23 f.
Langeoog 19 f.
List (Sylt) 42
Litoral 15
Lummenfelsen 96 f.
Marsch (Kalk-, Klei-, Roh-, Salz-) 24 f.
Meeresspiegel 23, 30 f., 42 ff.
Mond 41 ff.
Moor 25
Morsum-Kliff 68
Müll 62, 175
Muschelkalk 17
Nationalpark 175 ff.
Naturelement 27
Naturgewalt 37 ff.
Naturschutz 175 ff.
Nekton 14
Neßmersiel 22
Neuwerk 19, 41
Niedrigwasser 42 ff.
Nipptide 44 f.
Nordatlantik 13, 44
Norderney 19 ff., 42
Nordfriesische Inseln 19
Nordstrand 19, 32
Norwegische Rinne 13
Oland 23
Ostfriesische Inseln 19
Pelagial 14 f.
Pellworm 19, 32
Planktonblüte 39
Plutonite 69
Porphyr 70

Pricke 53
Quartär 29
Quarzit 71
Rotes Kliff 21, 66, 68
Rungholt 32
Saale-Kaltzeit 19, 29
Salzgehalt 13 ff., 22 ff.
Salzpflanze 154
Salzwiese 21, 23 ff., 153 ff.
Salzstock 17
Sand 30, 54
Sandbank 26 ff.
Sandrippeln 58
Sandstein 71
Sandvorspülung 49
Sauerstoffarmut 16
See-/Meerball 63
Scharhörn 19, 62, 80
Schaum am Strand 65, 147
Schlick 54 ff.
Schreibkreide 72
Schwarze Flecken 58
Sedimentgestein 71 f.
Seegatt 19
Simonsberg 154
Speiballen 65
Sperrwerk 51
Spiekeroog 19
Springtide 44 f.
Sprungschicht 16
Sternspur 59, 113
Strandfunde 61 ff.
Strandsteine 66 ff.
Strandwall 25, 61
Sturmflut 47 ff.
Succinit 75
Sylt 19 f., 29 ff.
Tertiär 17
Tetrapoden 49
Texel 41
Tidenhub 26, 41 ff.
Tiefengestein 69

Tributylzinnhydrid  33, 127
Trichterbecherkultur  31
Trischen  19
Uferwall  25, 31
Urstromtal  30
Vogelbeobachtung  90
Vogelfeder  65
Vogeljahr  89
Vorland  48
Vulkanite  70
Walstrandung  81

Wangerooge  19
Warf(t)  23 f.
Watt  53 ff.
  Felswatt  17
Wattenmeer  22 f., 54 ff., 82 ff.
Wattrauschen  55
Weichsel-Kaltzeit  29
Weser  26
Westerhever  25
Wilhelmshaven  41 f.
Zechsteinmeer  17

# Register der Tier- und Pflanzennamen

Acker-/Dünen-Gänsedistel   170
*Actinia equina*   110
Algen, Meeresalgen   145 ff.
Alpenstrandläufer   89
*Ammophila arenaria*   171
*Anas penelope*   86
*Anas platyrhynchos*   85
Andel/Strand-Salzschwaden   161
*Anser anser*   84
*Arenaria interpres*   92
*Arenicola marina*   111 ff.
*Armeria maritima* ssp. *maritima*   157
*Armeria elongata*   165
*Artemisia maritima*   160
Aschgraue Kreiselschnecke   124
*Ascophyllum nodosum*   150
*Aster tripolium*   159
*Asterias rubens*   138
*Atriplex (Halimione) portulacoides*   155
*Atriplex prostrata*   155
*Aurelia aurita*   109
Auster
   Europäische Auster   131
   Pazifische Auster   130
Austernfischer   60, 65, 87
Bäumchenröhrenwurm   114
*Balanus crenatus*   118
*Barnea candida*   136
Basstölpel   98
Beerentang   151
Belemnit   73
Berg-Sandglöckchen   169
Blättermoostierchen   140
Blasentang   149
*Bledius spectabilis*   141
*Blidingia minima*   148

Bohrmuschel   72
   Amerikanische Bohrmuschel   136
   Krause Bohrmuschel   136
   Schiffsbohrmuschel   136
   Weiße Bohrmuschel   136
Bohrschwamm   107
*Bolboschoenus (scirpus) maritimus*   161
Borstenhaar, Dickfädiges   149
Brachvogel, Großer   91
Brandgans   85
Brandseeschwalbe   95
*Branta bernicla*   84
*Branta Canadensis*   84
*Branta leucopsis*   84
*Brassica oleracea*   165
Braunalge   63, 147 ff.
Brotkrumenschwamm   107
*Buccinum undatum*   127
*Cakile maritima*   166
*Calidris alba*   88
*Calidris alpina*   89
*Calidris canutus*   91
*Calluna vulgaris*   166
*Cancer pagurus*   121
*Carcinus maenas*   120
*Carex arenaria*   171
*Ceramium virgatum*   151
*Cerastoderma edule*   132
*Chaetomorpha melagonium*   149
*Chaetomorpha linum*   149
*Chamelea striatula*   134
*Charadrius hiaticula*   88
*Chorda filum*   150
*Chrysaora hysoscella*   108
*Cladonia portentosa*   143
*Cladonia rangiferina*   143

*Cliona celata*   107
*Coccinella septempunctata*   142
*Cochlearia danica*   156
*Corophium volutator*   121
*Corynephorus canescens*   171
*Crangon crangon*   119
*Crassostrea gigas*   130
*Crepidula fornicata*   124
*Crisia eburnea*   140
*Cyanea capillata*   108
*Cyanea lamarckii*   108
Darmtang, Flacher   148
*Delesseria sanguinea*   151
*Desmarestia aculeata*   150
*Donax vittatus*   134
Dorsch   99
Dreikantwurm   115
Dreizehenmöwe   97 f.
Dünen-/Bibernell-Rose   167
Dünenquecke   172
Dünen-Stiefmütterchen   165
*Echinocardium cordatum*   139
*Echinus esculentus*   139
Eiderente   86
Einsiedlerkrebs   118
Eissturmvogel   97
*Electra pilosa*   140
Elfenbeinmoos   140
*Elminius modestus*   117
*Elymus farctus*   172
*Elymus athericus*   172
*Empetrum nigrum*   166
*Ensis directus*   134
Entenmuschel, Gewöhnliche   122
*Eryngium maritimum*   169
*Eutrigla gurnardus*   103
Feuerqualle   108
Fingertang   150
Flechten   143
Flunder   101
Flussseeschwalbe   95
*Flustra foliacea*   140

*Fucellia maritima*   142
*Fucus vesiculosus*   149
*Fucus serratus*   149
*Fucus spiralis*   149
Furchenkrebs, Schuppiger   122
*Gadus morhua*   99
Gänsefingerkraut   158
*Galathea squamifera*   122
*Galium verum*   170
Gelb-/Wandflechte   143
*Gibbula cineraria*   124
*Glaux maritima*   156
Grasnelke
   Sand-Grasnelke   165
   Strand-Grasnelke   157
Grauer Knurrhahn   103
Graugans   84
Haarqualle
   Blaue Haarqualle   106, 108
   Gelbe Haarqualle   108
Habichtskraut   170
*Haematopus ostralegus*   87
*Halichoerus grypus*   79
*Halichondria panicea*   107
Hauhechel
   Dornige Hauhechel   168
   Dünen-Hauhechel   168
Hauttang/Purpurtang   151
*Hediste (Nereis) diversicolor*   59, 113
Heidekraut/Besenheide   166
Heringsmöwe   94
Herzmuschel   56, 132
Herzseeigel   139
*Heteromastus filiformis*   59, 114
*Hieracium*   170
*Hippophae rhamnoides*   168
Holunder   173
*Honckenya peploides*   164
Hornalge, Rote/Horntang   151
Hornklee
   Gewöhnlicher Hornklee   158
   Salz-Hornklee   158

Insekten 141 f.
*Jasione montana* var. *litoralis* 169
Kabeljau 99
Kalkkrustenrotalge 151
Kamille
   Geruchlose Kamille 159
   Küstenkamille 159
Kammalge/Kammtang 151
Kanadagans 84
Kartoffelrose 167
Kegelrobbe 60, 79
Keulenseescheide, Ostasiatische 140
Klaffmuschel
   Gestutzte Klaffmuschel 135
   Sandklaffmuschel 135
Kleiner Tümmler 80
Klippenassel 122
Knotentang 150
Knutt 91
Kompassqualle 108
Kormoran 87
Kotpillenwurm 56, 114
Krähenbeere, Schwarze 166
Krebse 116 ff.
Küsten-Sanddorn 168
Küstenseeschwalbe 95
Labkraut, Echtes 170
Lachmöwe 65, 93
*Laminaria saccharina* 150
*Laminaria digitate* 150
*Laminaria hyperborea* 150
*Lanice conchilega* 114
*Larus argentatus* 93
*Larus ridibundus* 93
*Larus canus* 94
*Larus fuscus* 94
*Larus marinus* 95
*Lathyrus maritimus* 168
Leinkraut, Gewöhnliches/Kleines
   Löwenmaul 158
*Lepas anatifera* 122
*Leymus arenarius* 172

*Ligia oceanica* 122
*Limonium vulgare* 157
*Limosa lapponica* 90
*Linaria vulgaris* 158
*Liocarcinus holsatus* 120
*Littorina littorea* 125
*Littorina saxatilis* 125
Löffelkraut, Dänisches 156
*Lotus corniculatus* 158
*Lotus tenuis* 158
*Macoma balthica* 133
*Mactra stultorum* 134
Mantelmöwe 95
Mauerpfeffer, Scharfer 167
Meerampfer, Blutroter 151
Meersaite, Glatte 150
Meersalat 148
Meersenf, Europäischer 166
Miesmuschel 130
Milchkraut 156
*Modiolus modiolus* 131
*Morus bassanus* 98
*Mya arenaria* 135
*Mya truncata* 135
*Mytilus edulis* 130
Nagelrochen 100
Nesseltiere 106 ff.
Nonnengans 84
Nordseegarnele 119
*Numenius arquatus* 91
Ohrenqualle 109
*Ononis repens* ssp. *repens* 168
*Ononis spinosa* 168
*Ostrea edulis* 131
*Pagurus bernhardus* 118
Palmentang 150
Pantoffelschnecke 124
*Parnassia palustris* 173
*Peringia (Hydrobia) ulvae* 126
*Petricola pholadiformis* 136
Pfeffermuschel, Große 134
Pfeifente 86

Pferdeaktinie   110
Pferdemuschel   131
Pfuhlschnepfe   90
*Phaeocystis globosa*   65
*Phalacrocorax carbo*   87
*Phoca vitulina*   78
*Phocoena phocoena*   80
*Physeter macrocephalus*   81
*Plantago maritima*   158
*Platichthys flesus*   101
Plattmuschel, Baltische/»Rote Bohne«   133
*Pleurobrachia pileus*   109
*Pleuronectes platessa*   101
*Plocamium cartilagineum*   151
*Polydora ciliata*   115
Polypenkolonie   110
*Polypodium vulgare*   164
*Pomatoceros triqueter*   115
*Pomatoschistus microps*   102
*Pomatoschistus minutus*   102
*Porphyra umbilicalis*   151
Posthörnchenwurm   115
*Potentilla (Argentina) anserina*   158
Pottwal   81
*Psammechinus miliaris*   139
*Puccinellia maritima*   161
*Pygospio elegans*   115
Qualle   106 ff.
Queller   155
Rainfarn   159
*Raja clavata*   100
*Recurvirostra avosetta*   88
Rentierflechte,
    Ebenästige Rentierflechte   143
    Echte Rentierflechte   143
*Rhizostoma octopus*   109
Ringelgans   84
*Rissa tridactyla*   98
Röhrentang, Kleiner   148
*Rosa spinosissima (pimpinelifolia)*   167
*Rosa rugosa*   167

Rotschenkel   92
*Saccharina latissima*   150
Säbelschnäbler   88
Sägetang   149
Sägezähnchen   134
*Sagartia troglodytes*   110
*Salicornia europaea*   155
*Salix repens* ssp. *dunensis*   165
*Salsola kali*   164
Salzkäfer   60
    Prächtiger Salzkäfer   141
Salzmiere   164
Salz-Schlickgras   161
Salz-Schuppenmiere   156
*Sambucus nigra*   173
Sanderling   88
Sandgrundel   102
Sandkorallen-Würmer   19
Sandregenpfeifer   88
Sandröhrenwurm   115
Sandsegge   171
Sand-Thymian   169
*Sargassum muticum*   151
Schlickanemone   110
Schlickkrebs   56, 121
Scholle   101
Schwämme   106 f.
Schweinswal   80
Schwertmuschel, Amerikanische   134
Schwimmkrabbe, Gewöhnliche   120
*Scrobicularia plana*   134
*Sedum acre*   167
Seegras
    Echtes Seegras   152
    Zwergseegras   152
Seehund   78
Seeigel   73
    Essbarer Seeigel   139
Seepocke
    Australische Seepocke   117
    Gewöhnliche Seepocke   117
    Gekerbte Seepocke   118

Seerinde, Zottige  140
Seeringelwurm  59, 113
Seestachelbeere  109
Seestern  64
   Gewöhnlicher Seestern  138
Seezunge  100
*Semibalanus balanoides*  117
*Sepia officinalis*  137
*Sertularia cupressina*  110
Siebenpunkt-Marienkäfer  142
Silbergras  171
Silbermöwe  93
*Solea solea*  100
*Somateria mollissima*  86
*Sonchus arvensis* ssp. *uliginosus*  170
*Spartina anglica*  161
*Spergularia salina*  156
Spieß-Melde  155
Spiraltang  149
*Spirorbis spirorbis*  115
*Spisula solida*  133
*Spisula subtruncata*  133
Stacheltang, Dorniger  150
Steinwälzer  92
*Sterna hirundo*  95
*Sterna paradisaea*  95
*Sterna sandvicensis*  95
Stockente  85
Strahlenkörbchen  134
Strand-Beifuß  160
Strand-/Schlammgrundel  102
Strand-/Halligflieder  157
Strandaster  159
Stranddistel  169
Stranddreizack  160
Strandfloh  122
Strandhafer/Helm  171
Strandkrabbe  59, 64, 120
Strand-Platterbse  168
Strandquecke/Binsenquecke  172
Strandroggen/Blauer Helm  172
Strand-Salzkraut  164

Strand-Salzmelde  155
Strandschnecke
   Gewöhnliche Strandschnecke  60, 125
   Raue Strandschnecke  125
Strandseeigel  139
Strandsimse, Gewöhnliche  161
Strand-Sode  156
Strand-Wegerich  158
Sturmmöwe  94
*Styela clava*  140
*Suaeda maritima*  156
Sumpf-Herzblatt  173
*Tadorna tadorna*  85
*Talitrus saltator*  122
*Tanacetum vulgare*  159
Tangfliege  142
Taschenkrebs  121
Teppichmuschel  133
*Teredo navalis*  136
*Thymus serpyllum*  169
Tintenfisch  137
Tordalk  97
*Triglochin maritimum*  160
*Tringa totanus*  92
*Tripleurospermum maritimum*  159
*Tripleurospermum inodorum*  159
Trogmuschel
   Dickschalige Trogmuschel  133
   Gedrungene Trogmuschel  133
Trottellumme  97 f.
Tüpfelfarn, Gewöhnlicher  164
*Ulva (Enteromorpha) compressa*  148
*Ulva lactuca*  148
*Uria aalge*  98
*Venerupis corrugata*  133
Venusmuschel, Gestreifte  134
*Viola tricolor* var. *maritima*  165
Wasserläufer, Dunkler  65
Wattschnecke, Gewöhnliche  56, 58, 60, 126
Wattwurm  56, 111 ff.
Weide, Dünen-/Kriech-  165

Weißwangengans  84
Wellhornschnecke  127
Wildkohl/Klippenkohl, Atlantischer  165
Wurzelmund-/Blumenkohlqualle  109
*Xanthoria parietina*  143
*Zirfaea crispata*  136
*Zostera marina*  152
*Zostera noltii*  152
Zuckertang  150
Zypressenmoos  110

## Danksagung

Für die Unterstützung bei der Korrektur des Manuskripts danke ich herzlich Gunter Gärtner, Karin Müller-Ott und Jörn Reichert, ferner Dr. Winfried Daunicht und meiner Frau Marlies Oschmann, die sich mit Teilen davon befassten. Doris und Heinrich Kistner stellten freundlicherweise einige ihrer Helgoländer Fossilienfunde für Fotos zur Verfügung. Die abgebildeten Personen und folgenden Einrichtungen erlaubten das Fotografieren. Auch hierfür danke ich: Centrum für Naturkunde – Zoologisches Museum der Universität Hamburg (S. 80), Heimatmuseum Borkum (S. 81), Skagen Odde Naturcenter (S. 135), Nordsøn Oceanarium Hirtshals (S. 8, 100f., 138), OZEANEUM Stralsund (S. 101f., 139).

## Bildautoren

S. 78 unten © Klaus Rassinger und Gerhard Cammerer, Museum Wiesbaden
S. 88, 89 oben © Dr. Winfried Daunicht
S. 137 unten © Hans Hillewaert
Alle anderen Fotos vom Autor

### Zeichnungen

S. 18 http://www.waddensea-worldheritage.org/de/node/1229, verändert

Die weiteren Zeichnungen fertigte der Autor, teilweise unter Verwendung folgender Abbildungen als Vorlage:
S. 12: Wikipedia, Halava, North Sea map-en.png; S. 15: OSPAR Commission 2000 (2000), r2c2 geography, hydrography, Abb. 2.3 S. 11. Becker, G. A. (1990), Abb. 1.2–13, S. 25; S. 16: OSPAR Commission 2000 (2000), r2c2 geography, hydrography, Abb. 2.8. S. 13; S. 43: Glebe, Wolfgang (2010), S. 18, 19. Krug, Joachim (1993), Abb. 18, S. 26; S. 43 unten: Glebe, Wolfgang (2010), S. 22–34. Krug, Joachim (1993), S. 7; S. 44: Glebe, Wolfgang (2010), S. 45. Reineck, Hans-Erich; Behre, Karl-Ernst (1978), Abb. 6, S. 13; S. 45 oben: Glebe, Wolfgang (2010), S. 46. Reineck, Hans-Erich; Behre, Karl-Ernst (1978), Abb. 6, S. 13; S. 45 unten: OSPAR Commission 2000 (2000), r2c2 geography, hydrography, Abb. 2.19, S. 20. Reineck, Hans-Erich; Behre, Karl-Ernst (1978), Abb. 7 und 8, S. 14; S. 46: Jensen, F. (1998), Abb. 2, S. 54.

Dr. Reinhard Kölmel, Jahrgang 1944, studierte Meeresbiologie in Kiel und war zeitweise mit einer Gutachtertätigkeit zu Ostsee-Themen selbstständig. Er arbeitete an der Universität Kassel, in zoologischen Sammlungen, konzipierte und realisierte zahlreiche Naturausstellungen. An der Elbmündung baute er ein Naturmuseum auf, leitete es über 23 Jahre und managte die Trägerstiftung. Seit der Pensionierung widmet Kölmel seine verfügbare Zeit der Nordseeküste, ihren Tieren, Pflanzen und dem Fotografieren.